農食互惠
社會經濟與臺灣農業的可能性

蔡培慧 著

國家圖書館出版品預行編目（CIP）資料

農食互惠：社會經濟與臺灣農業的可能性 / 蔡培慧 著. -- 初版. -- 高雄市：巨流圖書股份有限公司, 2024.10
　面；　公分
ISBN 978-957-732-724-6(平裝)
1.CST: 農業 2.CST: 產業發展 3.CST: 社會經濟因素
431.2　113015703

農食互惠：社會經濟與臺灣農業的可能性

作　　　者	蔡培慧
發　行　人	楊曉華
編　　　輯	沈志翰
封 面 設 計	莫浮設計
內 文 排 版	弘道實業有限公司
出　版　者	巨流圖書股份有限公司
802019 高雄市苓雅區五福一路 57 號 2 樓之 2
電話：07-2265267
傳真：07-2233073
購書專線：07-2265267 轉 236
E-mail：order@liwen.com.tw
LINE ID：@sxs1780
線上購書：https://www.chuliu.com.tw/
臺北分公司	100003 臺北市中正區重慶南路一段 57 號 10 樓之 12
電話：02-29222396
傳真：02-29220464
法 律 顧 問	林廷隆律師
電話：02-29658212

刷　　　次	初版一刷・2024 年 10 月
定　　　價	350 元
I S B N	978-957-732-724-6（平裝）

版權所有，翻印必究
本書如有破損、缺頁或倒裝，請寄回更換

本書部分為行政院國家科學委員會學術性專書寫作計畫「糧食主權與農貿結構──從在地經濟與小農體制談起」（Food Sovereignty and Agricultural Trade Structure－To begin with the local economy and small-scale farming system）（MOST 103-2410-H-128-013-MY2）之研發成果。誠摯感謝國科會支持及嚴謹的匿名學術審查。

目錄

推薦序:柯志明   i
推薦序:蔡宏進   iii
作者序:來自土地的力量源遠流長   v

第 1 章　臺灣農業與社會經濟　　1
一、前言　　5
二、社會經濟支持臺灣農業　　7
　(一)社會經濟路徑取代資本積累的想像　　9
　(二)農民研究及臺灣農業產銷體系　　18
三、農耕實踐社會經濟之核心要素　　29

第 2 章　小農交換的社會基礎　　35
一、農民研究(peasant study)的軸線差異　　44

二、小農交換的社會基礎	50
三、以農耕為本，擴展社會整合	59
（一）日常經驗與農食相關	60
（二）小農維生之道與農村文化	62

第 3 章　臺灣農業結構與政策脈絡　67

一、臺灣農業發展：政府中介力量	67
二、雙重再分配農貿結構	70
（一）臺灣的農業結構調整	70
（二）臺灣的自由化特徵與自由貿易的後果	78

第 4 章　美濃農會的社會經濟實踐　87

一、國家計畫經濟的解除與調適：美濃農民從契作到農產自主	88
二、在地經濟網絡交換、互惠與再分配	100
（一）從專賣到市場——菸葉改進社、美濃農會的競合	106
（二）冬季裡作之白玉蘿蔔現身	110
（三）美濃米高雄 147	114
三、農會組織型態的轉變與調適	117
（一）農業生產專區	122
（二）新世代專業農：青農自主與地方奧援	124
四、社會權力集結運作與權衡	128

第 5 章　彎腰農夫市集　　　　　　　　　　　133

一、農夫市集：土地到餐桌最近的距離　　　　　135
二、協力互惠的社會鑲嵌：以彎腰農夫市集為例　140
三、農民自主運作　　　　　　　　　　　　　　149
四、從土地到餐桌真實交流　　　　　　　　　　154
附錄一、彎腰農夫市集的運作機制（2014 年）　158
　　一、市集運作機制　　　　　　　　　　　　158
　　二、市集申請書　　　　　　　　　　　　　168
附錄二、彎腰農夫市集現場活動列表（2011.9-2015.12）　170

第 6 章　社會經濟驅動臺灣農業　　　　　　　179

一、社會經濟翻轉資本導向農業　　　　　　　　180
　　（一）社會經濟導向　　　　　　　　　　　180
　　（二）「農」的美學與生活實踐　　　　　　183
　　（三）小農產消連結的另類實踐　　　　　　186
二、農食互惠展現社會經濟　　　　　　　　　　194
　　（一）農食互惠是一場厚實的社會關係之旅　194
　　（二）社會權力的基層改革　　　　　　　　199

參考文獻　　　　　　　　　　　　　　　　　201

圖表目錄

圖 1	Wright：各種通往社會賦權路徑之連結	14
圖 2	臺灣現行農業產銷體系（marketing channel）類型圖	23
圖 3	臺灣社會賦權的路徑：社會整合農產運銷體系	34
圖 4	臺灣現行農業產銷體系（marketing channel）類型圖	43
圖 5	農業進出口國再分配結構示意圖	81
圖 6	國家中介與社會集體之間的權衡以美濃地區為例	99
圖 7	1990 年與 2010 年美濃地區農民人數年齡別比較圖	104
圖 8	2014 春季彎腰農夫市集新農友申請與審核流程圖	167

表 1	臺灣農業發展階段與農業政策概況表	81
表 2	臺灣農業生產和貿易統計（1950-2005）	85
表 3	國家主導之美濃菸葉契作發展與農民轉型大事紀	90
表 4	1990 年與 2010 年美濃地區耕作次數排序前二十之作物別	102
表 5	1990 年與 2010 年美濃地區農民人數年齡別	103
表 6	彎腰農夫市集 2011.9～2015.12 現場活動主題彙整	144
表 7	小農復耕綠色消費計畫復耕點	188
表 8	小農復耕計畫階段影響評估與突破	191

推薦序

柯志明
中央研究院　院士
中央研究院社會學研究所　特聘研究員

　　培慧長期以來一直關心臺灣農業轉型與糧食的議題，不只在學術研究上累積了相當的成果，也在另類農業經濟模式的可能性上進行著實踐工作。八〇年代臺灣的小農經營體制面臨著內外情勢的壓力開始了結構性調整的過程，重以九〇年代以來納入國際農貿市場的程度日深，進一步加深農業自由化，更擴大了調整的規模。培慧就國家介入（農民所得）再分配，農工部門關係以及農業內部生產關係三個面向探討此結構性調整所造成的變化，前此已經在博士論文（2009）裡做出深入而詳盡的討論，在此更為完整地涵蓋臺灣農業轉型的過程以及呈現出伴隨致生的問題。

　　本書更重要而引人興趣的地方是，培慧基於她長期以來的研究還進一步發展出一套替代性的農業發展模式。誠如「糧食主權」一詞所示，各國有自主於國際農糧體制（international food regime），追求滿足自身生存安全及尊重在地社會生活方式之另類多元農業經濟的權利。正如 Karl Polanyi 因應資本主義經濟的市場宰制而倡議的社會自我保護，培慧提出在地經濟模式，探尋另類的

可能性，點出社會經濟與臺灣農業的連結。與其被動受制於國際一元農貿市場的力量，不如由關心社會生存及其生活型態的在地集體力量主導，發展出更能呼應地方需求的多元經濟方式。築起抗拒國際農貿體制宰制的社會防護網，並不僅止於抗拒商品化，特別是以單一國際市場為依歸的全面商品化，更在於運用社區集體的力量於農產品交易及生產上。

　　培慧重申市場的社會性，點出市場鑲嵌於社會的事實。她強調在地經濟小農生產與交換過程的社會基礎，適足以讓小農生產發揮小企業靈活彈性的特性，並善用社區連帶合作性質的產銷組織，以滿足在地市場多元性的消費需求。從另一面來看，這也有助於支持小農抗拒一元市場帶來的不確定性及外來資本的宰制。不僅於此，小農生產的在地經濟模式從事永續經營，還兼顧了生態環保的需要。就此替代性的農業發展模式，培慧擁有他人所無的寶貴實踐經驗。就多年來累積的豐富觀察與深刻的實作體驗，她正是討論此議題的不二人選。

推薦序

蔡宏進
臺灣大學農業推廣學系名譽教授

　　蔡培慧博士以其認真研究社會經濟發展原理及臺灣農業的心得，寫成這本極富特殊創見，內容踏實的專書。這本書最大的特點是見解特殊創意，內容豐富踏實。過去研究臺灣農業的人很多，但使用「**翻轉資本**」與具有特殊「**社會經濟意涵**」的觀點與理念加以闡釋者，她是第一人。她會這樣寫，因為她甚了解其闡釋的概念，也因在高等教育的階段接受社會發展學、鄉村社會學與農學的學習與研究的洗禮，又是身為農家子女，自小參與採茶等農活，過去在大學教學研究與從政階段有豐富經驗，深知臺灣小農經營的辛苦特性，又深入研究過高雄美濃農會輔導下的農耕，與彎腰市集的實際資料，作為分析論說的基礎，甚為實際難得。

　　本書名所含社會經濟的特殊意義是指「社會力量驅動經濟行為」之意，這力量與行為關係臺灣的農業發展至巨。而所指「**翻轉資本**」是指早期由政府支撐的製糖與菸酒專賣的政府資本與地主資本的消失，與後來的養豬企業資本與進口農產品的外國資本等介入，都不如本地小農經營的普遍重要與珍貴，雖然外在的資本使小

農的農業與社會經濟力量與行為有所調適，但都打不敗小農的堅忍與持久永續。

　　社會經濟一詞中的社會力量包含農民之間的互助合作、農會組織的輔導、生產者與消費者的關係與互動與農民運動等，這些力量與政治力量相距不遠，容易受政治力量的干擾，也可能變成政治力量，這些力量織成臺灣農業的主要經濟行為與文化特質。使用這種理解與概念闡釋臺灣農業是最真實貼切，也最能把農業與人、地與自然的密切複雜關聯展現出來。

　　這本書的出版可使世人讀者對臺灣農業會有更深層的認識與了解，也能寄予更多的體貼與同情，會是農民與農業生存的福氣，也是社會經濟發展的幸運。

蔡宏進　謹識於臺北
2024 年 10 月

作者序：來自土地的力量源遠流長

前幾天天氣熱，當我拿出冰箱的製冰盒，使勁力氣仍無法鬆動冰塊，一旁的小姪子看到，淡淡的說，用水沖一下；果然，用水沖一下，冰塊就輕鬆滑落。當我們討論農民、農業與農村，若只硬梆梆的看到規模、利潤、資本，大致上已經陷入對立的論辯；若我們稍稍衡量現實情況，看到彼此的相對位置與行動彈性，或許論辯之際，介入的論點與行動方法有其多元的可能。

農民研究從經濟發展階段農民的屬性談起，小農、家庭農場、原始積累、無產階級化、資本集中……彷彿資本擴張將襲捲農業生產摧毀傳統農村。這是現實卻不是「必然」，原因在於生產基礎的差異。臺灣是以農立國的小農國家，但是臺灣小農卻不是第三世界國家自給自足的生存型態。臺灣的農業生產從清朝、日治乃至當代都是商品化為基礎，早期茶、糖、米的出口奠定了小農生產、多樣化商品的基礎，歷經國民政府土地改革確立「最適規模」的土地所有制，同時重整日治時期所創建的信用社、合作社等機制成為基層農會、農田水利會及各地農改場，達成了國家支持農民生產系統半

公共化的農事服務業。此一體系縱因政治改革多有調整,然而臺灣已然形成最適規模多樣化生產的專業農體系。

此一基礎促使本書由農民的屬性談起,第 1 章以政治經濟學概念進行農民研究並導入社會經濟,直指社會經濟路徑取代資本積累的想像。社會經濟的重點在於「社會力量驅動經濟行為」,個人可以在生產與交換過程得到合理回饋,而不只有資本家賺取超額利潤。本書定義五點農耕實踐社會經濟之核心要素:農民、社會基礎、跳脫擴大再生產、在地經濟及整體取向。

第 2 章為本書研究重心:小農交換的社會基礎。小農是生產組織,更是在歷史占有重要位置的社會實體。農民耕作與農村社會的存在,與已在歷史上占據一百多年主導位置的資本主義社會形成共生;所謂共生機制,視國家、資本及社會力量影響其運作的模式不盡相同。論述之外,筆者更依整合權力不同提出臺灣現行農產運銷體系的類型討論,並且強調由民間力量社會網絡形成的「社會整合農業產銷體系」運作模式及其社會基礎。

第 3 章探討臺灣農業結構的轉變歷程。臺灣從國家主導的計畫經濟走向新自由主義,為加入國際市場而被迫開放農產品貿易,農民受制於經濟壓力與國家制約,儘管掌握生產資源,卻與市場對接形成困局。擁有技術及農地(或承租土地)者走向專業農,資本擁有者可擴大規模轉向企業農。這不是偶然,而是受到國家政策和社會結構多重力道影響,農業結構決定了農民可以擁有的選項。

以政府為中介力量,臺灣農業形成計畫經濟、以農養工、農林漁牧的多軌路徑。農耕及近海漁業為多樣商品化生產的最適規模專

業發展；畜牧及遠洋漁業與國際接軌，朝向中大規模企業經營發展；林業則以生態保育為主，經濟林及竹林的價值長期不受重視。

　　本書第一、二、三章以政治經濟學為主要分析架構，同時導入社會經濟概念，因為筆者認為社會經濟與臺灣農業發展，有三個息息相關的脈絡：受資本主義影響的農民階級、農民生產端與消費端的連結；以及最重要卻經常被忽略的，經濟發展朝向都市化及工業化形成的困局，讓農民、農業與農村處於混沌狀態。然而混沌是改變的契機，混沌激發想像與行動，造就逆襲的可能。

　　農民與消費市場連結的模式具有多元而複雜的社會連帶，其經濟行為蘊含的社會價值與文化意義，已是臺灣社會的一部分，農民自主運作的產銷介面，可以是為了健康安全而發起共同行動的女性組織，可以是專業農民引領消費者以田間為教育場域重新認識土地，也可以是自願自覺有機連結的反思與行動。前述思維與關懷是政治經濟學領域的研究議題，卻也無一不是社會力量驅動經濟行為的結果，也促使筆者在臺灣農業產銷體系研究的分析上，更進一步聚焦小農交換的社會基礎。

　　本書第 4 章以高雄市美濃區農會運作為例，分析農民在國家計畫經濟菸葉契作停止之後的農民的轉型與突破，同時凸顯美濃農會作為生產端與消費端節點所形成的農業專區、特定農產品契作、建立品牌的策略，米存摺的創新更試圖輔導農民成為自產自銷的農產經銷商。此一案例為臺灣農會承載半公共化農事服務業的運作典範，美濃農會與農民、地方組織共同使力形成的社會經濟網絡值得持續深探。

本書第 5 章則以透過社會參與承載農耕、論述與行動的彎腰農夫市集為例。農夫市集是土地到餐桌最近的距離，一把菜、一杯飲料、一份料理，一聲親切問候「吃飽沒？」、「怎麼煮？」都是日常不過的市集互動。連結消費者的農夫市集，可以看到農民自主的力量，也可以看到消費選擇的多元。農夫市集是市場、是教室，更是當代社會文化的有機展現。

　　本書第 6 章以「農食互惠是一場厚實的社會關係之旅」為結論，強調改變正在行動中。現代經濟行為不可避免資本，但是社會力量驅動的經濟行為，從生產到消費，從藝術美學、媒體平臺到生活態度，生機蓬勃、野地花開，形成一場農村美學鑲嵌社會經濟的饗宴。

　　專書出版以農為本，筆者在論述耙梳與行動研究中，看見在地經濟小農體制多元實踐的豐厚樣態，是以「農食互惠：社會經濟與臺灣農業的可能性」為書名。筆者來自農村，長期參與農村工作，深知土地的力量如何支持農業、農民與農村，來自土地的力量源遠流長滋養每一個透過三餐飲食與農產生關係的消費者。這樣的網絡成為人與人、人與物、人與環境之間的互相與行動。「處其厚，而不居其薄；處其實，而不居其華」取自道德經，深厚與樸實的力量，恰如其分的展現「農」的核心價值，支持筆者以及每一位同行的夥伴。行動是改變的起點，參與農業有千百種可能，跨出腳步行動吧！

第1章
臺灣農業與社會經濟

　　許多人可能好奇，為什麼第1章就直接切入「臺灣農業與社會經濟」，什麼是社會經濟，以及兩者如何產生關係。

　　臺灣農業就生產面來看，農林漁牧業有其差別[1]；以農耕而言「專業生產，最適規模、高度商品化、行銷模式多元」是臺灣農民的特性[2]。長期研究農業生產的同時，也不時反問農業生產端如何

1　農林漁牧有其差別，四種類型必須分開討論。農以農耕為主的最適規模專業農，最適規模視其耕作品項從有機蔬菜到水稻雜糧其耕作面積約0.5公頃至15公頃不等。林為林農，臺灣長期生態護林，缺乏經營經濟林、竹林的政策輔導，目前林農極少。漁則漁業為主，養殖、定置，捕撈、近海漁業、遠洋漁業有其多元而龐雜的經營型態，在地或近海以專業漁民結合企業漁業為主，遠洋漁業則形成跨國資本。牧則以畜牧業為主，肉食類皆與其相關，從雞蛋、牛奶、豬肉乃至牛肉進口緊密結合生產與消費端，畜牧業生產投資成本高，臺灣的生產網絡第一線生產端為專業農及企業農，涉及飼料與肉品進出口則形成跨國資本或與跨國資本連結。

2　農耕是以農民為生產基礎，土地改革確立以家庭農場為基礎的小農，當年明訂水田三甲、旱田六甲。經過數十年的轉變，以及土地所有權於 2000 年《農業發展條例》修法後，農地的買賣不限於農民身分。過去自耕農才可買賣土地，此後任何人皆可買賣，只要維持農地農用即可。再者，臺灣長

與消費端產生關係,此一扣連究竟是單向的銷售農產品,或者蘊含更多的互動期待、雙向影響的連結?是豐富的農事體驗、對農藝農法的好奇與尊重、環境生態支持或對自然的嚮往?

依據社會力推動的經濟行為,豐富農產與消費者的互動,創造農民生產端與社會大眾消費端的多元連結,形成具有社會基礎的經濟交換與支持系統,舉凡農夫市集、消費合作社、社區協力型農業（CSA）、慢食運動及地方農會,乃至於網路時代生產者充分運用Facebook 或 Line 的自產自銷行動,都是傳統產銷關係之外,建立農民與消費者的互動網絡的社會經濟型態。

社會經濟即是指社會力量所驅動的經濟行為,社會力量根植於形形色色的民間社會合作與自主行動,可視為社會權力與經濟行為的連結。在民主國家,民間社會的連結不只是單純性的社交和溝通的活動,透過社會賦權的機制,可形成更有意義的交換模式與社會支持。

相較於大規模生產的農作模式,臺灣農民的屬性接近鄰近的日本、韓國,以及歐盟國家,專業化發展,生產規模適中、品項多樣,農產品高度商品化與市場高度連結。然後隨著主要務農人口老化,農村人口持續外移,務農人力出現年齡斷層,儘管國家政策與資源開始留意到青年農民的權益,推出支持方案與誘因鼓勵年輕人

期僅以都市計劃為空間規劃的想像,農地潛藏著開放效益,以致地價日益高漲,形成臺灣目前的農民持有土地零碎化,而青年農民務農多數透過承租土地以取得最適規模的耕作,加以近年來持續轉導農民專業經營,目前的農民以最適規模專業農發展。

投入生產工作,並積極導入農業科技減少勞動成本,但仍不敵整體勞動人口持續減少的困境。如此環境結構使得近年的農業生產,除了仰賴家庭勞動力,整體社會需求與政策制定也逐漸轉向引進外籍移工,此一現象具雙層涵意:首先,臺灣仍維持小農多樣化生產,然而勞動力的來源則依農作物生產節氣週期,過去可能短期聘請同村同鄉的農民協助(倩工[3]、換工等等),但是臺灣農村社會年齡結構老化,現今的臨時人力多仰賴移工。第二,移工的來源多元,部分新住民的家庭成員以探親名義來臺協助在臺家人的農業勞動;此外,臺灣有其特殊的失聯移工現象,失聯移工自成網絡組織,私下協助有需要的農家從種植、耕作、運輸等農業勞動。

透過社會經濟的視角,農民不僅是農產品生產者,也是鄉村社會的行動者,在日常生活的勞動中成為文化的載體。筆者自小生長在茶鄉,長輩的採茶技術、烘焙茶葉技術厚實而多元。以採茶為例,一心二葉的採摘看似用手摳斷,仔細觀察才看得出來,飛快左右移動的手勢,實則採茶農在手指上套著手環別著刀片,順手右折,即可輕輕折起一心二葉,看似左右移動上下旋轉的手勢,不只用雙眼

---

3 「倩」(tshiánn)工,雇工的臺語,類似當代的勞雇關係。謝國雄在《茶鄉社會誌:工資、政府與整體社會範疇》一書對於田野所見到的雇傭關係有詳細的討論。謝國雄認為,「在出去受雇做事的情況中,交換的已經不是具現勞動力的產品,而是工作的能力,而工作能力表現在事頭上,是頭家是否續僱的重要考慮。」臺語事頭(sit-thâu),指農事或工作。在謝國雄的田野觀察,他認為茶農「以『倩』(工作能力的交換)為『買賣』(凝聚了勞動力的事頭與產品的交換)」,賣的不是整個人,而是工作能力。工作能力還進一步連與個人尊嚴、驕傲有關,這個過程並不會讓茶農的身分低人一等(謝國雄 2010,頁 88-91)。

判斷，而是透過觸覺、嗅覺，看到一心二葉，感受折摘茶葉的鮮嫩菁味，長年反覆實踐與自然環境相處所習得的知識技藝。這些技能往往不存在於文字書本上，而必須透過長期的身體力行，實驗與觀察，累積的判斷經驗技藝成為銘刻在身體肌肉的記憶。許多「農」的智慧與文化即潛藏在非文字符號可以記錄的口耳相傳、身體勞動裡，既是傳承，也是長期積累的文化底蘊。

本文以社會經濟如何在臺灣農業產銷管道開展出不同的路徑為探究主軸，以論述和具體的案例說明農耕社會經濟實踐的五項要素：小農生產（peasant）、社會基礎（social basis）、跳脫「擴大再生產」（the expansion of reproduction）、在地經濟（local economy）、整體取向（holistic approach），如何在臺灣農業政策與結構的脈絡下，在不同區域、層次具體實踐。並在最後嘗試闡述「農」的價值與意義在當代蘊含的可能性，如何與人、環境對話，如何透過藝術、工藝、生活美學，讓「農很有用、為農所用」的創造與應用持續鬆動支配結構的論述和行動。

事實上，筆者希望談的社會經濟系統絕不僅於農業領域。社會經濟的特性在於群體組織的生產，直接滿足人類需求，而非服膺於利益最大化跟國家專家統治理性的原則。除了本文討論的經濟行為與農業生產，社會經濟還包含社區健康服務、日托中心、推動公平貿易的 NGO、社區土地信託等機制，在社會經濟發展蓬勃的歐洲可以看到豐富多樣的案例。而本文在此未能處理之面向，期待有更多研究能擴展社會經濟在臺灣的廣度與深度。

一、前言

長期以來,臺灣的發展與農業密切相關,包含面向複雜且豐富,其中最重要也最基礎的原因,是戰後國民政府對臺灣農民體制的支持。然而,1980年代後期,由新自由主義壟斷資本擴張,進而重構民間資本導向農業,並在臺灣農業中占據了生產與市場掌控的重要環節。毫無疑問,臺灣農業目前面臨的是結構問題:過程端形成農民和資本農業並置的雙軌農業,值得注意的是部分農民(家庭農場)形成中小企業型態的「農企業」,農企業的經營、耕作與生產仍以農為本,與資本農業單一品種利潤導向仍有所差異,臺灣資本農初期為臺糖、近年則是少數畜牧業。農業,特別是農產品的交換、分配、消費端產銷模式呈現多元,隱憂則是臺灣雜糧進口嫁接國際食品集團,藉著雜糧的進口、儲存、運送、加工、配銷,形成臺灣由資本財團掌握雜糧進出口、畜牧業以及食品加工。

2008年起,世界糧價波動以及臺灣「輸入型通貨膨脹[4]」,中央銀行總裁彭淮南2008年即在立法院報告中提出警訊(彭淮南,2008)。此外,根據聯合國糧農組織(Food and Agriculture Organization of the United Nations, 簡稱 FAO)持續公布的食品價格指數[5],以2002-2004年為基期年,1980年代到2008年,食品物

---

4 「輸入型通貨膨脹」是經濟用語。臺灣糧食自給率中,小麥的自給率為0%、玉米及黃豆皆低於2%,因此當國際糧價上漲時,臺灣因高度依賴國際雜糧進口,國內的物價指數也明顯跟著上漲,故以「輸入型的通貨膨脹」名之。

5 食品價格指數 FAO Food Price Index:係聯合國糧農組織食品價格指數,是

價指數僅微幅上漲 120-130%，但 2008 年糧價卻上漲 200-210%，漲幅超過兩倍，且持續上漲至今（FAO, 2014）。

今日，臺灣許多農民的生產方式已經產生變化，從使用生產資源的方法、經濟作物的選擇，甚至是市場流通的網絡都和過往大不相同，可見多數農民並非自給自足，已成為典型的小商品生產者。然而，為數龐大的農民長期被納入國家計畫之中，選擇投入國家規約的市場機制，也為了確保其生產資源而維持小面積的土地私有制，這些因素都使其成為社會穩定的力量，這一點並不因農民變成商品生產農而有所減損。

維持眾多小面積土地所有者的生存，就是維持臺灣基層社會的生機與安全。當人們受困於經濟危機，當人們於金融風暴中受挫失業，他會知道還有一個可以讓自己休養生息的社會連帶；同時，農民多樣化、適地適性的作物選擇，也成為照顧臺灣人健康的主要隊伍。當然，農民社群與耕作環境是臺灣社會文化的具象呈現，奠基於此的記憶、由此衍生的文學和詩歌，共同形塑了這塊土地的歷史；它是我們的來處，也是我們的去處。因此，維護農民的生存權力對整體臺灣社會發展可說深具意義。

過去，國家計劃經濟透過農會推行的產銷合作、農會信用部因地制宜的小額貸放以及相對開放的流通機制，都為農民的存續打下

一衡量食品類商品國際價格每月變化的尺度。它由五項商品類別（包括穀物、植物油、乳製品、肉類和糖）的價格指數的加權平均數構成，而權數為 2002~2004 年各類商品類別的平均出口貿易比重。資料來源：http://www.fao.org/worldfoodsituation/foodpricesindex/en（2015.06.20 下載）。

良好的基礎。農業自由化之後，政策思維轉向競爭型農業，運用高科技、出口量大的農業被視為明日之星，政府也大舉投入國家資源鼓勵其擴產投資。這明顯是國家農政職能商品化。當某一個農業項目進入工業化生產線模式，它就已經脫離農業而成為農工業。有能力、有機會參與農工業運作的資本，必然以盈利為目的，為追求最大利潤而隨市場機制運作，在臺灣如何再起社會安全瓣作用？然而面對務農人口年齡斷層、勞動力短缺的當下，國家資源投入農業有其階段性的差異，現代科技化、機械使用及建立多元產銷體系方能滿足社會平等。

糧食自給率僅僅只有30.7%的臺灣（行政院農業委員會，2022）[6]，不應以農業產值低落作為打擊農業的藉口，而應以臺灣內部的消費力創造更多的農業產值，地產地銷，提升糧食自給率。臺灣很小，應付經濟危機的彈性更小，使農民專業化生產，建立多元產銷模式，並逐年提升臺灣民生生存根基，才是長遠之道。

二、社會經濟支持臺灣農業

目前針對臺灣農業的分析，幾乎都是以現代化觀點——線性發展主義為基礎，首先集中在從農人口的年齡分析，並以高齡化現象為結論；其次分析農家的經濟收入，以農業部門與非農業部門的收入來源差別，歸納出與一般家庭相較，農家收入偏低；再分析農家

---

[6] 農業部（2023），糧食供需年報（111年），引用日期：113/10/2。

的耕作種類，在多元耕作以及擴大規模的單一農作兩者之間，積極宣稱擴大規模的必要性。現代化觀點的分析顯然把「農業」視為資本社會中的一般產業，而非自古延續至今的生產細節與生活方式，忽略了農業耕耘的年齡斷層，忽略了農業收入的合作協力，也忽略了生產最適規模尺度。

農民生產的社會基礎╱家庭農場所形成的最適規模，在此情形下農民生產體制並未崩解，但在土地改革、繼承移轉、都市擴張、土地炒作及國家強制使用等諸多內外在因素中，漸成土地面積零碎的農民，因此，為求農民以專業農生產同時有足夠的土地資源，應運用租地等方式支持農民的生產資源，建立家庭農場最適規模[7]。

在臺灣，倡議大規模生產，主張把農業導向資本投入與資本經營者，往往將農業視為經濟部門的一環，僅以追求資本積累為目的，造成去社會化與去人性化的農業環境，社會關係淪為純粹的物

---

[7] 家庭農場最適規模幾個特徵（蔡培慧，2015，P.17）：1. 以農民為主的生產模式：即以家庭農場為基礎，家庭成員為主要勞動力，兼或聘雇少數勞動者。農業生產領域內進行家戶耕作（family farming）以維持簡單再生產（simple reproduction），並將全部或部分的產品與加工品於市場進行交換的小商品生產者。2. 以家戶為單位：這意味著家戶作為經濟生活（生產與分配）的基礎，其家庭組成因組成成員差異而有多元型態。3. 小規模的社會協力：家戶生產受制於勞動力與家庭生命周期，它的農耕尺度自然有所限制，諸如水利、運銷等公共事務，因而相應發展出多元活潑的協作模式。4. 因需要而生產：農民耕作的特點在於因需要而生產，當然也可能因需求無法取得適當滿足而必需加強勞動，因而處於自我剝削的狀態。此一供需的邏輯絕不可忽略，它所引導的生產面向與生產規模，必然相異於以追求利潤為動力的生產擴張，比較有機會在有限資源與理解自我需求的前提下，建立起生產循環的模式。

質和金錢交易。很遺憾的，當今食品生產與食物消費的工業化環境，讓一個精心設計的計畫持續進行與開展，在全球化、自由化的舞臺上，生產與交換過程已然完整的基因改造食品，正持續進入你我的餐桌。

　　靜下心來，仔細想想就能發現，農業本質與人類生活密不可分。從土地到餐桌，所有人都能感受到的自然環境，眼見所及的青翠地景、金黃稻穗、繽紛果菜，莫不是農民敏於氣候勞動耕耘的成果，更不用說其精通的農耕技藝，蓄養堆肥、嚴選品種後所迎接的四季豐收。這同時也是家庭成員能因此銜接的農食與料理文化，建立飲食鑑賞能力、生鮮料理的烹飪練習。從土地到餐桌是人與環境、人與土地、人與人、人與社會，藉著種好吃的、吃好味的，所共繫的風土人情。

　　接下來將說明社會經濟的運作模式，此運作模式如何連結社會力量、凝聚民間權力，及適當的資源運用，特別是在歐洲蓬勃發展。

（一）社會經濟路徑取代資本積累的想像

2012 年擔任美國社會學會的理事長 Erik Olin Wright[8] 指出：

社會經濟（social economy）是一條通往社會賦權的路徑，在

8　Erik Olin Wright 為社會學教授，2012 年度美國社會學會理事長。2014 年 3 月來臺，行程中走訪宜蘭農民及農青，觀察並理解農民參與的社會經濟實踐（詳參林宗弘，2015，頁 15）。

其中，公民社會內自願性團體直接組織各種經濟活動，而不僅是影響經濟權力的部署而已。在資本主義市場生產、國家組織的生產及家戶生產之外，『社會經濟』構成了另一種直接組織經濟活動的方式，其特徵在於由集體來組織生產，以直接滿足人們的需求，而非受制於利潤極大化或國家技術官僚的理性之下（Wright, 2015, 頁 195）。

如何區別並定義國家、資本與社會主導的經濟網絡呢？Wright認為資本、國家、社會是經濟結構的三個維度（Wright, 2006, pp.106-107）：

> 國家主義（statism）是運用國家權力掌握經濟權力，透過政府機制，基於不同的社會目的（different social purposes）行使國家權力（state power）控制投資和生產過程。資本主義（capitalism）權力掌握在資本家手上，透過行使經濟權力（economic power），掌握生產資源、投資和控制生產。社會主義（socialism）則是將生產資源視為社會共有，其所形成的組織形式與實質運作根植於社會權力（social power），形式上則是民間社會各式各樣的合作協力，以及自願參與公共行動，此一力量推動的不只行為，更是形塑實權——社會權力的過程。民主則是一種連接社會權力與國家權力的特定形式，而此處所指的社會主義，正是經濟權力對社會權力的服從。前述三個維度在不同國家有其發展與運作模式。然而，不管是人

民的權力保障，或是公共支出中擴及教育、醫療健保與社會安全等面向，都是國家權力與社會權力的連結，遑論傳統市集及其延續之地方商社（會）、合作社組織模式及相對自主的獨立媒體所形成之社會權力。

Wright（2015，頁183-185）認為「透過形塑經濟活動（商品及勞務之生產與分配）的主要權力形式，我們可以將社會主義，與國家主義及資本主義作個對比。更明確的說，在所有制、經濟資源的使用及經濟活動的控制上，社會賦權的程度愈大，我們可以認定這個經濟體愈是社會主義。」為了確認行動是否朝著正確方向邁進，Wright以三個大原則設計了社會主義羅盤。

這個社會主義羅盤指出三個原則方向，每個方向都各自立基在上述三種權力形式之上：
1. 社會賦權左右國家權力對經濟活動的影響。
2. 社會賦權左右經濟權力對經濟活動的形塑。
3. 社會賦權直接左右經濟活動。

這三個社會賦權的方向連結到各種不同的權力形式及經濟，如圖1。這些權力也可以組合成為社會權力——根植在公民社會的權力——影響資源配置，及控制經濟生產與分配的各種不同樣態。

Wright社會經濟的社會賦權路徑為圖1的路徑①。Wright（2015，頁196）表示：「社會經濟這個詞彙納入所有非營利組織、

非政府組織，以及所謂『第三部門』。無論如何，對該詞彙的各種使用方式都包含了圖 1 所揭示社會賦權路徑。」

陳東升在 Wright 著作的推薦序（2015，頁 7-8）指出：

> 我認為 Wright 這部作品的出版正好補足這個理論結合實踐的缺口，他蒐集以歐美社會為主的政治與經濟制度替選模式的案例，並且深入比較分析，以這些經驗為基礎，發展出一組類似指北針的框架，指引當代社會可能變革的幾個方向。……特別是實踐的主體和方式，不會只侷限在勞工階級所組織的革命行動，而是有不同類型的行動，透過社區經濟、參與式預算等各式各樣創新的方法進行變革。……而在研究主題上，我也開始探討互惠做為社會行動的基礎所發展出來的社群治理模式，對於分享經濟與參與式民主的可能影響。

何以筆者以政治經濟學概念進行農民研究，卻導入社會經濟概念呢？社會經濟的重點在於「社會力量驅動經濟行為」。筆者認為社會力量驅動的經濟行為，區區十個字卻與臺灣農業發展的三個脈絡息息相關：受資本主義影響的農民階級、農民生產端與消費端的連結；以及最重要卻經常被忽略的，經濟發展朝向都市化及工業化形成的困局，讓農民、農業與農村處於混沌狀態。混沌看似無奈，卻也是轉變的契機，唯有行動才能帶來改變，混沌究竟會帶來默許或逆襲？本書認為農民掌握生產工具並且尋求生計，逆襲有無限的可能性。

臺灣從國家主導的計畫經濟走向新自由主義，為加入國際市場而被迫開放農產品貿易，農民在過程中受制於經濟壓力與國家制約，儘管掌握生產資源，卻被迫面臨與市場對接的困局。資本擁有者可擴大規模轉向企業農，擁有技術的土地承租者往往走向專業農。看似環境變遷下的個人選擇，實為國家政策和社會結構多重力道影響下，改變了農民對於生計的規劃與選擇。

　　農民生產端與消費端的連結，交換／買賣農產品只是第一步。農民與消費市場連結的模式具有多元而複雜的社會連帶，其經濟行為蘊含的社會價值與文化意義，已是臺灣社會的一部分。農民四個月的辛勤耕耘可讓秧苗成為一片良田，收成後或碾為白米成為餐桌上的米飯，或精選釀造為清酒，向飲者訴說土地靈魂的故事。消費者的自主選擇，是支持或協助農民在土地多方實踐的具體行動，一口飯、一杯酒的滋味不僅是物物交換，裡頭的每一個行為，都是人文風土千百年來累積的厚度。

　　而經濟發展對農業造成的混沌狀態，是默許或有逆襲的可能，目前尚無法一概而論，端看在地社群組織的行動與量能。此一組織型態包羅萬象，可以是國家支持長期運作的明確機制，可以是農民自主運作的產銷介面，可以是為了健康安全而發起共同行動的女性組織，可以是專業農民引領消費者，以田間為教育場域重新認識土地，也可以是自願自覺有機連結的反思與行動。

　　前述思維與關懷是政治經濟學領域的研究議題，卻也無一不是社會力量驅動經濟行為的結果，也促使筆者在臺灣農業產銷體系研究的分析上，更進一步聚焦小農交換的社會基礎。本書後段將以半

公共化的高雄市美濃區農會運作為例,分析農民在菸葉契作停止之後的轉型與突破;以及透過行動研究承載農耕、論述與行動的彎腰農夫市集,也是由生產者發起「社會整合農產運銷體系」的運作實例,期待透過文字感受農民於大地上所綻放的美力。

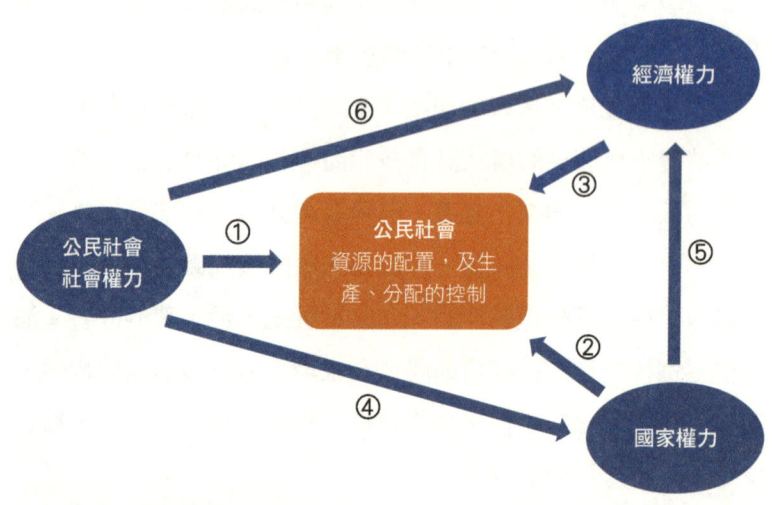

圖中數字代表的個別連結
①社會經濟:需求的社會供給
②國家經濟:國家生產的商品及勞務
③資本主義市場經濟
④對國家權力的民主控制
⑤對資本主義廠商的國家管制
⑥控制經濟權力的社會參與

圖1　Wright:各種通往社會賦權路徑之連結

歐洲社會經濟聯盟（Social Economy Europe）2002年4月10日於布魯塞爾議定的《社會經濟原則憲章》（*Charter of Principles of the Social Economy*）[9] 中直言：

> 社會經濟企業與組織是活躍於各個經濟領域的經濟與社會角色。其主要特徵在於其目標和獨特的模式。目前，社會經濟代表著一種不同的創業形式和組織模式。……社會經濟企業與組織在某些領域特別活躍，例如：社會保障、社會與醫療服務、保險、銀行、可再生能源、教育、培訓與研究、旅遊、消費者服務、工業、農食品業、手工業、建築、合作住房、聯合工作，以及文化、體育和休閒活動等領域。社會經濟是一個高度創新的部門，致力於開發應對當今新挑戰的創新舉措，例如：不平等加劇、可持續發展、歐洲人口老齡化、社會排斥等。……憑藉其特有的特徵與原則，社會經濟正為歐盟的多項核心目標作出貢獻，例如：實現智能、可持續且包容的發展；創造和維持高質量的就業；促進社會凝聚力、社會創新、地方與區域發展、國際發展與合作，以及環境保護等（SEE, 2015）。

2015年修改後的《社會經濟憲章》定義社會經濟的行動者，

9　社會經濟憲章於2015修改後再次批准，定義所有社會經濟參與者共有的身分、核心價值與特徵。2015年修改的版本連結：https://www.socialeconomy.eu.org/wp-content/uploads/2020/04/2019-updated-Social-Economy-Charter.pdf（連結日期：2024/9/29）。

包括合作社、互助社、基金會、協會、工會權益機構（paritarian institutions），和社會企業。根據憲章，歐洲的總就業人數有 6%，超過 1,100 萬人在社會經濟的型態中工作，而社會經濟型的企業和組織共有 200 萬家，占歐洲總企業的 10%。這類型的企業或組織在各成員國可能有不同的型態，但共同的原則和特徵如下（SEE, 2015）：

- 人與社會目標優先於資本
- 由成員民主管控
- 自願且開放的成員資格
- 結合成員／使用者利益與社會（公共利益）
- 捍衛並實行團結與責任的原則
- 自主管理，並獨立於公共機構
- 將主要盈餘重新投入以實現永續發展目標、提供服務以滿足成員或公共利益

在資本主義相對發達的歐洲，社會經濟經驗較為清楚明朗，亦可看出社會經濟的運作並非十分特殊或難以理解的經濟模式。2012 年在香港民間團體廣發的社會經濟地圖，同樣明白表示「社會經濟七大理念」：一、重視個人及社會目標高於資本與利潤；二、開放成員自願參與；三、管理自主獨立；四、維護社群團結精神及相互問責原則；五、民主管理成員，同時也重視持分者參與；六、既照顧到成員和使用者，也關注照顧公眾利益；七、盈餘大部分用於維

持永續目標、同時照顧公眾利益[10]（王榮，2012）。觀察香港經驗，潘毅、陳鳳儀則言：「經濟發展的目的是要為廣大人民服務，而並不是倒過來要勞動人民為大資本賺取暴利和為個別城市加強競爭力而做出犧牲，經濟發展必須回歸社會（2013，頁88）。

社會經濟是根植於人民力量的具體經濟實踐，透過全民參與，以多元互惠的方式投入經濟行動，兼顧各種多元形式的社會權力，並適應各類市場體制，參與生產、交換、分配與消費，進而擴及象徵意識的生產。透過持續不斷的實踐，在壟斷式資本控制中，建立以民為主的社會生機。

當然，生產資源的經濟行動並非完全由社會經濟與社會權力主導，國家權力更應聚焦以人民為主的生活政治，應就具體的生活進行變革與折衝，而不應單為資本服務。如同 Thomas Piketty 強調的，國家角色應進行基於人權的現代重分配政策，他指出「現代重分配不只是將富人手中的所得轉到窮人身上，至少看來不會這麼直接，主要是藉著融通公共服務與替代所得所需資金，尤其是醫療、教育及退休金等領域所需資金，大致上對每個人、以平等的方式進行重分配（2014，頁468-469）。」國家權力需建立奠定社會經濟得以運行的規範與法規。

社會經濟的力量來自群體與社會大眾，形成社會力量與經濟行為的連結。進一步來看，「社會經濟」指群體組織的生產是直接滿

10　此段文字記載於《香港經濟地圖》，詳述香港各界於2012年間所進行的社會企業公平貿易、社區互助、社區農場、合作社經營及資源回收等工作。

足群眾需求,而非服膺於利益最大化(資本主義)或國家專家統治理性(國家主義)的原則。社會經濟的系統包含社區健康服務、日托中心、推動公平貿易的 NGO、社區土地信託等等機制。不過,發展社會經濟的侷限之一,是無法提供所有足夠的生活品質,因此讓所有人都有基本收入(社會正義的主張)是解決方法之一,事實上,爭取基本收入也可看作是一種社會之上(social plus)的轉化:從資本累積(capital accumulation)到社會累積的策略(SEE, 2015、Wright, 2006)。

(二)農民研究及臺灣農業產銷體系

農業的勞動力投入會因作物別和季節不同而有很大差異,由於勞動大體上都集中在耕種與採收時節,所以季節性的落差更大。因此,如何運用農閒時的剩餘勞動力,對家戶收入影響不可謂不大。觀察臺灣農民運用勞動力的狀況,農民不是等到面臨破產,才「被迫」出賣勞動力,更多的情況是因應作物與生長週期,季節性的出賣勞動力,做為農家經濟的補充。這是很重要的討論:農民出賣勞動力究竟是被動的無奈選擇,還是改善環境的主動作為,是值得探究的問題。此外,這也關乎研究者對臺灣農民特殊性的界定。事實上,在諸如勞動力的不等價、產品的不等價、社會福利的不均衡等結構限制下,出賣一部分勞動力以維持農業生產收入,顯然是農民最合理,也最理性的選擇。

臺灣農民生產還有另一個非常重要的特色,就是「商品化生

產」。也就是說，應將「家庭農場生產形態」與「商品化生產」視為一個整體，才能對臺灣的農民生產型態進行較完整的描繪與論述。基於這層認識，讓我們重新檢視 Chayanov 與列寧的那場大辯論，列寧主張在「市場介入」下，農民必然兩極分化，而 Chayanov 則認為家庭農場適用於任何形式的「國民經濟」。從「勞動力運用」的層次看來，臺灣的特殊性可用「半無產階級農民」加以概括，如仔細推敲「市場介入」與「國民經濟」兩個字眼，其實就是將農民生產組織扣連到外部的農業生產結構。但從臺灣的經驗也可以發現，雖然農民生產的基礎是自有生產資源與自有勞動力的結合，但農民的生產物為商品，勢必與市場緊密結合，才有可能確保農民生產的存續。

　　臺灣農業的商品化生產，其實與過去農民研究中對於農民生產組織的理解有相當大的差異。根據 Chayanov 的觀點，「小農經濟制度」的特徵有以下幾點：為小塊土地所有者、自給自足、家庭勞動力投入，同時生產的物品僅供自家消費，若有餘裕，才會進入市場交換體系。如此，「家庭勞動與消費」方可取得均衡。這個觀點與列寧對「農民的生產形態」的認識大不相同。列寧認為，小農生產面對資本主義市場經濟的勞動形式（雇傭勞動）、資本積累與市場競爭將因生產關係轉化，所謂「小農的生產型態」注定消散於歷史中。

　　但從臺灣的經驗看來卻並非如此，主要在於「小農的生產形態」中的「生產關係」雖然沒有改變，但是對於「產物」的使用卻起了根本的變化，簡單的說，臺灣農民基本上是為了交換（銷售）

而生產,所以臺灣農民維持「家庭農場形態」中以「家庭勞動力」為主的生產模式,卻不排除「適當資本投入」、「雇用農工／移工」與「生產力提升」等市場經濟規則,巧妙地在資本主義市場經濟中存活下來。

生產內容改變不足以確保農民得以存續,重點是要改變以農民生產為基礎的生產結構,如此才能確保農民產品的集中和資本的取得,並確保對農民開放的商品流通機制,制度化的支持商品農民的生存。回看臺灣,1990年代農業自由化前,國家規制的市場及其延伸體制如農業改良場、農會信用部、產銷班等機制,確實發揮功能;不過農業自由化之後,國家職能轉向市場化,此一轉向衝擊農民生產結構。

簡言之,臺灣農民是農業的「小商品生產者」,理解臺灣農民,一定要先理解其結合「家庭農場生產形態」與「商品化生產」的特徵,這兩項特徵一則使農民生產保持高度的彈性,二則農民生產仍受制於結構因素。

柯志明、翁仕杰(1993)認為,除了糧食作物以外,將市場作物納入家戶式生產對臺灣農民產生了很大影響,因市場作物若以家庭為單位進行小商品生產,為了供應廉價的農產品,市場機制會迫使農民以更密集的勞力、更投入的家庭勞動自我剝削。

家戶內部的工農分工的現象,究竟應該理解為家庭經濟的自我調節,還是走向無產化的前奏?這個問題無法單從勞動力的移轉來回答,它牽涉到更為複雜的理論與現實的對話。農民主義或馬派政治經濟學的理解,亦無助於回答這個問題,倘若資本主義本身就是

一個不可逆的趨勢，何種農業生產結構得以長存，實則牽涉到國家職能的選擇：一個放任自由市場競爭的國家職能，與一個選擇調合資本擴張力量的國家職能，勢將創造出迥然不同的生產結構規範，就是此一規範，侷限或者規範了農民生產結構，以及農民生產關係的選擇。是以若以微觀角度觀之，農民內部的工農分工是家庭勞動力調節的結果，但實際上，此一勞動力調節的結果並非憑空出現，而是由外部因素內部化所造成，是國家職能作用於農民生產結構的體現。

長期以來，臺灣農業產銷體系依整合權力不同，筆者認為主要可分為三大類型；其中「社會整合」類型又可依發起端的不同再細分三個次類：

一、國家整合農業產銷體系（state-integrated agricultural marketing channel）
二、資本整合農業產銷體系（capital-integrated agricultural marketing channel）
三、社會整合農產運銷體系（society-integrated agricultural marketing channel）
　　（一）消費端發起之社會整合農產運銷體系（consumer-initiated society-integrated agricultural marketing channel）
　　（二）生產端發起之社會整合農產運銷體系（producer-initiated society-integrated agricultural marketing channel）

（三）商販組織成的運銷通路（wholesaler-integrated agricultural marketing channel）

　　第一類型為國家介入主導、建構，利用農會的產銷班與共同運銷體系，「運」、「銷」農民生產之農產品，再進入交易市場（如果菜批發市場），透過拍賣交易，由各地各種銷售型態層層轉賣至消費者手中，此為「國家整合農業產銷體系」（state-integrated agricultural marketing channel）。比如早期蔗糖生產，則是以國營的「臺糖公司」計畫性的輔導生產，透過運銷體系，小部分銷售國內、大部分銷往國外，最後再運用「分糖制」，將適當的利潤分配給生產農民。

　　第二類產銷網絡則由資本家主導，主導面向含括大宗糧食物資、超級市場經營以及大量食品加工。以大宗糧食物資（小麥、黃豆、玉米）為例，資本家會透過期貨交易，先行進行農產期貨買賣，等糧食物資進口到臺灣之後，再透過加工製作成各式產品。有時為了消化產品，甚至會整合或主導畜牧業。此為「資本整合農業產銷體系」（capital-integrated agricultural marketing channel）。

　　不管是傳統的「菜市仔」、「農民市集」「傳統的趕集或牛墟」，或是近年來由消費者組織的合作網絡、秉持友善生產與消費信念的有機商店、以農民為主體經營的農夫市集等，顯然已呈現出第三類「社會整合農產運銷體系」（society-integrated agricultural marketing channel）的精神。社會整合農產運銷體系交換的往往不只是商品，也是對農業的認識、理解與認同；控制利潤的不是資本

家,而是在此過程中因多元參與、互惠共享所形成的緊密社會連帶(參見圖2)。

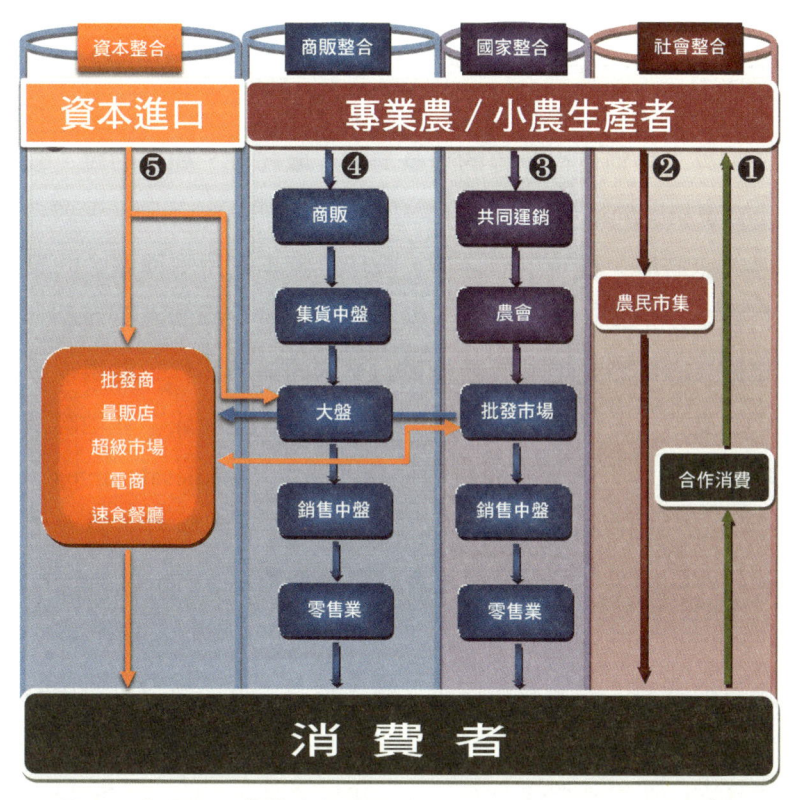

圖2 臺灣現行農業產銷體系(marketing channel)類型圖
(筆者自行整理繪製)

社會整合農產運銷體系(society-integrated agricultural marketing channel)的第一種面向為「消費端發起之社會整合農產運銷體系」(consumer-initiated society-integrated agricultural marketing channel），在臺灣運作最完整也最久遠的為主婦聯盟生活消費合作社（圖2的路徑①）；第二種面向則為「生產端發起之社會整合農產運銷體系」（producer-initiated society-integrated agricultural marketing channel）例如各地的農夫市集（圖2的路徑②），本書紹彎腰農夫市集也是此類型。

另外，特別值得一提的是臺灣的「販仔」，簡單的說，販仔就是買賣果菜的批發商，依果菜種類與產銷形式的不同，形成各式各樣的連結與規模。乍看之下，販仔跟資本家所主導整合的農業產銷體系差別不大，但若深入探究可知少量少樣的蔬菜產銷、水果產銷，則可看到地域與社會權力交錯的連結運作，對規模較小商店的支持，並創造地方商機與就業機會，進而成就在地經濟。這種模式稱為「商販組織成的運銷通路」（wholesaler-integrated agricultural marketing channel），基本上是社會權力與資本權力交錯運作的結果，即為社會整合農產運銷體系（society-integrated agricultural marketing channel）的第三種面向（圖2的路徑③）。觀察目前臺灣的農業產銷體系，國家權力、資本權力所運作的經濟形式，仍以國家資本發展或私有化資本利潤為導向，唯有正視社會權力，並與其他權力形式及媒介交錯運作，社會賦權（social empowerment）方能開創社會經濟的多元型態。

事實上許多主張自由貿易路線的工業化國家，也很關注家庭農業生產、傳統食品加工等農業型態，一來關乎糧食自給率，二來可由此建立社會經濟網絡。從2020年歐盟官方數據統計的資料可以發現，歐洲地區有93%的農民為家庭農場（平均面積11.3公頃），

其中 57% 的勞動力由農場主人和其家庭成員營運[11]。從歐盟經驗可知，即便是主張自由貿易、主張工業化的國家，都沒有放棄農業，並嘗試由農業出發，透過地域經濟網絡，建立食品加工、運銷通路，由此建立以人為主的社會經濟網絡。

全歐洲有 10% 的經營行號以及 6% 的就業屬於社會經濟。在社會經濟的架構下，經濟表現不是衡量企業是否成功的唯一指標。經濟表現固然是企業追求的目標之一，但互助與團結，包含社會凝聚、與土地的連結，也必需被納入企業貢獻的整體評估（SEE, 2015）。

1. 正視農業與社會經濟連結

資本農業路線毫無疑問是過去三十多年來，臺灣在思考、面對全球化自由貿易擴張之際所選擇的方向，彷彿只要資本增加就可以有競爭力，就可以擴展出口。然而，以臺灣的環境而言，資本農業究竟是不是最好的選擇？當我們在論述農民與消費者的市場連結，雙方在看待市場銷售時，除了利潤、價格，需要在意的是消費者的

---

11 根據統計，2020 年歐盟有 910 萬個農場，其中絕大多數（估計 93%）可歸類為家庭農場，平均面積為 11.3 公頃，這些農場以家族經營企業的形式運營，農場世代相傳。
Eurostat: Statistics Explained (2013), Agriculture statistics - family farming in the EU,https://ec.europa.eu/eurostat/statistics-explained/index.php?title=Agriculture_statistics_-_family_farming_in_the_EU（引用日期：2024/10/2）。

健康、全民的期待,或是應該在意臺灣飲食的內需需求?其中的拿捏端看個別角色的思考重點。本章節旨在強調,臺灣農地有限,大規模單一生產並不適用於臺灣多樣化的消費選擇。在正視臺灣農業適當規模多樣化生產的同時,我們應該探討社會集結的力量所形成的產銷模式,正視農業與社會經濟的連結。

2014年,聯合國宣告該年為「國際家庭農業年」(International Year of Family Farming)。自2008年開始,受極端氣候的影響,全球石油與糧價上漲,造成許多國家糧食危機,此一宣告正是顯示為了穩定各國的糧食安全、維護糧食主權,同時扶植在地經濟,避免國際農糧集團的控制等目標,支持重振家庭農業的重要性。

正視雙軌農業之際,聯合國的宣言同時也呼應了臺灣此刻所面臨之問題。臺灣亟需重振家庭農業,在政策上完備如農會、農田水利會、農改場等半公共化農業服務業的支持;另一方面則需要改善土地儲備制[12],將臺灣土地改革六十年來、歷經多次繼承買賣,土地持有者已成為零細農的現況,調整為適當的農民(家庭農業生產者)規模。政策之外,則需建立農民端至消費者端的連結。在此相對性的糧食危機之際,也是解決問題的關鍵時刻,正視在地農業恰

---

12 德國、日本及荷蘭,為了使進鄉的青年勞動力能夠獲得足夠的農業生產經營資源,穩定農業收入,紛紛朝向建立「土地儲備制」。「土地儲備制」由政府統籌規劃,隨時注意區域內農地所有權變動狀況,編列預算或貸款收購欲離農家戶之農地,一方面確保農地不會在炒作轉讓中被移作他用,另一方面當青年勞動力進鄉時,各級政府可以根據其所經營之農作種類,以出租的方式將適當面積的土地交由新進勞動者做農業經營,由此建立各類農作「最適規模」的經營型態。

恰是解決問題的方向。如今，國際農糧體制已經影響許多區域的農業走向，內需消費者健康選擇、適地適種、友善土地農耕，在資本至上的選擇中被忽略，因此無論地產地銷、農民市集、社區協力農業（Community Supported Agriculture, CSA），或是主婦合作社，此類思維不僅僅是地域政策，更是反思後所作的最佳回應。

這個回應並不全是國際局勢、國家政策與市場機制的結構作用，還涉及農民的經濟組織。農民組織通常會透過某些特定的事件（如農民運動）、某些急進的抗爭形式，或是某些共同議題的表達（如議會陳情）來回應結構壓力。只是如此一來，往往將研究視角聚焦於農民的政治組織運作，而忽略了農民生產活動過程的組織形式，以及農民的經濟組織運作。要克服這個問題，唯有將視野轉移到農民生產與流通過程，才能提出適當的解決方案。

臺灣農民受制於小規模土地及家庭勞動力的限制，難以擴大生產量，多數的分析多以此驟然論斷農民的生存限制。然而，臺灣的農民持續存在，並且實現了高度商品化生產，如何理解此一特殊現象，應當從農民經濟的日常形式探究。

臺灣農業商品市場主要是透過產銷班以「個別生產、共同銷售」的組織機制，使農民生產得以與市場流通串連，支撐了農民商品化生產。換句話說，農民透過與產銷班商品選擇與價格分級的合作，直接接觸市場，從而影響市場。相較於農民的政治組織，農民的經濟組織不易被察覺，但是其在農民生產關係的組成上卻占有重要位置，農民的商品化生產得以存在，並在市場上維持良好的運作，此一組織形式功不可沒。在全球農業貿易自由化的壓力下，農

民生產與流通的組織合作，可能正是對抗結構壓力的有效解方。

當然，農民經濟組織形式本身也仍在變動，如近年來訴求有機認證、生產履歷的農業品質標示，正是從市場端反饋，重新組織生產者本身；而訴求「故事訴說」或「親近土地」的網路行銷，則是利用網路科技，讓個別農民直接面對市場。可以想見的是，當農民經濟組織形式的變化達到某種程度，勢必影響農民生產關係，並帶動生產關係的重組。

2. 農耕再肯認：流通與意識

流通問題也是臺灣農民持續面臨的挑戰。農業並非只有生產，如何使農民生產的產品擁有更高的附加價值，是確保農業勞動再生產必要的條件。為了有效提昇農產品的附加價值，使更多農業勞動的價值合理地留在農村，除了農作物本身的運銷外，如何加工，或是將農耕過程中的廢棄物轉化、研發為可使用的物品，進行循環農業的闡揚與創新也很重要。不幸的是，目前臺灣農村在地的加工系統嚴重萎縮，以彰化縣員林鎮的蜜餞廠為例，僅少數尚存，大部分早已關門歇業或外移，而主要原因即在於，當地加工蜜餞無法與進口的低價蜜餞競爭。菸酒則是另一種加工萎縮案例。2002 年，臺灣正式加入 WTO，取消大部分菸酒的契作；種菸的農戶必須轉作其他諸如蔬菜等作物，連帶影響原本菜農交換網絡。而葡萄契作農失去了原本酒類加工的收購管道，轉而改種火龍果或芭樂，也連帶影響原本市場的平衡。

事實上，加工釀造仍是創造農產品多元價值的最佳方式，加工

品的消費也較不受季節性生產影響，且可避免純粹生鮮享用而常見的「穀賤傷農」。若能共同經營，會是較接近社會經濟的途徑，但共同經營的過程複雜且困難，例如農民之間要如何合作、妥協，營利如何分配，是否要存公基金等等，農民若無法學習共同經營，按照既往的運銷模式，被切分為一個個單打獨鬥的個體，很容易受制於某些環節，而無法達成個人或社會目標。

臺灣社會嚴重缺乏對於農村價值的再認識、再肯認，也是不得忽視的問題。農耕並不浪漫，其內在蘊含著一套與現代化社會完全不同的知識運作體系，若要重新認識農村的價值，必須從習以為常的現代化視野之外，重新肯認延續千年的傳統智慧。這是人與環境互相適應的各種細節，包括對土壤的經驗、對區域性水文的理解、對四季節氣的掌握，這些細節不太容易被文字記錄，在現代化的生活模式下也往往不被尊重。因此，農耕的勞動體驗非常重要：當我們在田間勞動，由此而來的記憶和感受就會銘刻在我們的身體裡頭。事實上，環境教育並非教條式地學習有關環境的知識，而應該是人與環境透過某種形式合而為一的過程。農耕勞動、身體力行，即是最好的介入方法之一。

三、農耕實踐社會經濟之核心要素

21 世紀以降，臺灣對於農村文化、友善農耕、農民市集、農民與消費者的連結與理解，除了面對臺灣雙軌農業的現實外，更應該納入在地經濟及環境價值。在地經濟指的是「有別於現行訴諸世

界市場的遠端供應貿易模式,而是一個以地區產業,重構交換體系、就業網絡、初級產業的政治、經濟結構」(蔡培慧,2010)。此一概念可扣連 Polanyi(1989)主張的交換行為應鑲嵌在社會文化脈絡中。Polanyi 的解釋偏向社群關係與道德經濟(moral economy)的意涵,關注農耕者、消費者與在地社區的平衡,同時也論及交換關係受到社會結構對個人行為的節制,以及個人參與市場的社會連結、交換行為背後的權衡等等。

　　農民市集、友善農耕、合作消費、在地經濟等等……讓我們看到不一樣的風景,那是在工業革命規模化、集中化的生產擴張與資本主義的壟斷體制中,試圖跳脫經濟增長率和利潤率的思考,重新回應人與人、人與土地、人與環境的關係,透過農耕、透過食物連結起城鄉生活者。這可視為一場綠色運動,也是一場農耕勞動價值的肯認;是伴隨壟斷資本主義而來的生態環境破壞、及其所形成的全球鬥爭中一種新的型態。直言之,臺灣的農民市集、友善農耕、合作消費等等社會經濟型態仍需持續深耕與拓展,在此區辨其核心要素,希冀有助於澄清農耕社會經濟實踐並促成更多討論。

1. 農民生產(peasant)

　　農民意指投入農業耕作的勞動力以家庭為主,在農業生產領域內進行家戶耕作(family farming)以維持簡單再生產(simple reproduction),並將全部或部分的產品與加工品於市場進行交換

的小商品生產者[13]。其中，農業收入做為家庭再生產（謀生），而非擴大再生產（謀利）之用。它不排除雇工或機械化，而是著眼於家庭農場的最適規模，以及生產剩餘的合理分配。農民由於生產規模小，面向市場需仰賴流通合作化。農民生產的另一重點就是與消費端的連結，透過食物、田間勞動，擴展農耕文化並與都會交流。

2. 社會基礎（social basis）

此處的社會基礎特指「農民交換的社會基礎」（social basis of agricultural commodity exchange by peasants），在於說明農民與消費市場連結的模式具有多元而複雜的社會連帶[14]。在不同的交換模式中，農民與消費者交換的不僅僅是農產品，消費者願意付出更高的價格，以支持農民友善土地的生產，或者願意花更多的時間進行產地拜訪、農事體驗，以一種環境學習的方式與農民產生連結，而此類交換模式正在逐年擴大。當然，根據長期觀察，農民商品最

---

13 就嚴格的學術定義而言，傳統的小農在東方社會往往稱為農家，「家庭農場」準確的表達以家庭勞動投入農耕，並藉著勞動自我調節（自我剝削），彈性面對外部經濟體制變化的農民生產體制。然而，目前臺灣的農民耕作朝向專業農發展，其勞動力來源不侷限於農家；本文旨在探究農民產品交換的社會基礎，衡諸臺灣社會文化概念與本地語境，「農民」一詞涵蓋且突出標定社會座標，使用「農民」概念也較能還原其所身處的文化、社會與政經脈絡。

14 農民交換的社會基礎是筆者所研究拓展，用以解釋農業小商品生產者交換的社會關係的概念，暫以「社會基礎」名之，期待後續研究能夠釐清農民交換的社會基礎的真實面貌，給予支持農民交換關係的社會連帶更準確的定義、更豐富的內涵。

為普遍的交換模式仍是透過農會共同運銷機制,而共同運銷機制之所以可行,奠基於產銷班成員對於班員供貨以及農會統銷分級的信任。換句話說,農民高度商品化的生產之所以未完全被資本壟斷,與農民交換過程的社會連帶有關。同時,此一連結不僅僅是個別農民與某個或某類群體的社會連帶,而是社群協力的多方連結。

3. 跳脫「擴大再生產」(the expansion of reproduction)

避免資本所掌控的擴大再生產,或進入促進擴張的生產傳動生產機制(treadmill production)。換句話說,農民的勞動是對擴大再生產的反省,當我們正視農耕勞動的價值,當我們反思消費主義無止盡的耗用生態資源的浪費,人們得以重新理解農耕勞動的環境價值。

4. 在地經濟(local economy)

農耕交換關係應該盡可能的在地化、盡可能建立互惠與分享型態。在地經濟並非反經濟,而是讓日常生活的交換、分配行為,盡可能在一定區域內達成。所謂「一定區域」的範圍視交換產品而有不同的界線,實踐的光譜也因社區的屬性而異,典型如歐洲生態村,或某些村落的能源自主;在臺灣則如主婦聯盟消費合作社的在地食物供給。如此一來,地方性的企業得以自立,同時更好、更妥適的運用地方資源,結合本地勞工,給予恰當的報酬,並以在地消費者為服務的對象。地方更為自主自足,減少依賴進口,更好的節省能源,避免遠端控制,讓社群關係與生產關係多元疊合。

5. 整體取向（holistic approach）

農耕文化的社會性經濟實踐模式跳脫人類中心主義，不以資本積累為目標，訴求人類的農耕行為當兼顧人類、動物與環境的好處，同時關注自然生態的平衡，透過健康的食物建立農耕者與消費者的連結，透過農民耕作綠色消費，達到永續發展的理想。

作為一個農村工作者，基於所認識與理解之臺灣農業與關注的農民生活，促使我們積極探討「另一個世界是可能的」（Another World is Possible）。換言之，社會經濟走向必需避開以利潤導向為主、耗損過多環境資源的壟斷資本，應以社會需求為主，建立多樣化的生產方式，並促成綿密的交換管道，提供健康安全的消費選擇，創造自然資源、公共資源和社會資源的分配／再分配模式，促進人民參與的選擇期待與實踐的可能。

衡諸臺灣農業現況，社會權力驅動的經濟行為多元且內涵深厚，開創以人為本、多樣生產、互惠交換、協力合作、健康消費，從土地到餐桌的具體實踐。本書即從結構與政策，探討農民生產根基農地農業生產資源在資本與商品化系統下的侷限，觸及「當代農耕的另類實踐」，再闡述社會經濟模式運作理論。在理論層次，本書的關懷及視角以 Wright（2015）所提出的社會賦權路徑為參照（圖1），以具體實踐經驗從生產過程、交換型態、分配模式、消費選擇、象徵意識等面向，探討社會經濟在農業部門的案例，回應社會賦權其中的三條路徑「1社會經濟：需求的社會供給」、「路徑④對國家權力的民主控制」、「路徑⑥控制經濟權力的社會參與」（圖3）。其交換型態透過「美濃農會在地經濟運作」探討臺灣農

民社群連結的運作模式,以及其轉折的意義何在。「彎腰農夫市集」以整合社會力量,不以利潤導向為前提,探討農民與消費者面對面溝通,交換的不只是商品,還有農耕知識和勞動經驗,最後以社會經濟突破資本農業的可能性與矛盾,及演進的反思與討論作結。以及本書尚未能細談的國內多元蓬勃的生產合作社、消費合作社,亦發揮重要的角色。

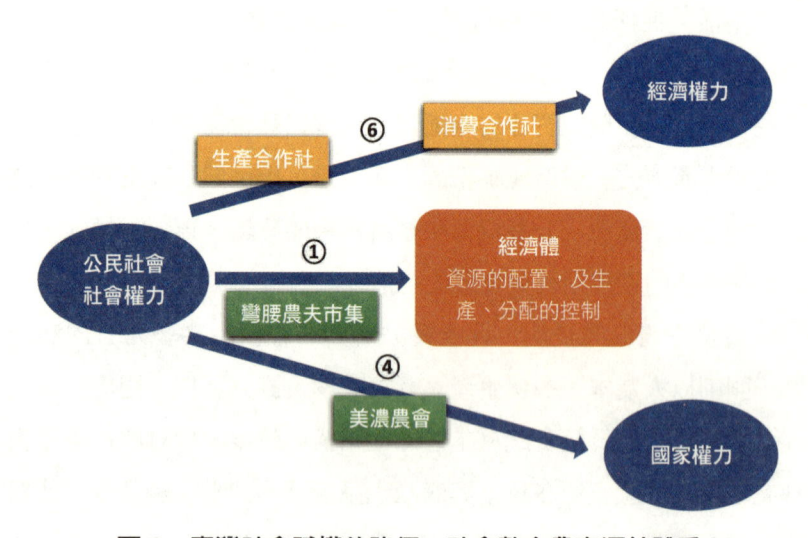

圖 3　臺灣社會賦權的路徑:社會整合農產運銷體系
(以圖 1 Wright 各種通往社會賦權之路徑的連結為基礎,筆者整理繪製)

第2章
小農交換的社會基礎

　　讓我們從資本主義政治經濟學擴張的取徑,將研究視角稍稍往外拉。就像廣角鏡頭般,邊緣地帶會形成特別的曲張效果,那就是「農」、「農耕」所在的位置。在政治經濟學的視角中,「農」、「農耕」因位處經濟部門邊緣而曲張變形,資本主義擴張的邏輯無法合理、全面地解釋「臺灣小農存在」此一事實,當然也無法有效指出小農社群的存在意義。

　　若將小農理解為「生產組織」,其實窄化了小農社群的社會實踐。事實上,小農[1]不僅是生產組織,它更是一個社會實體;千百

1　儘管就嚴格的學術定義而言,「小農/農民」(peasants)與「家庭農場」(family farm)各有其精確的概念。但在鄉村社會學而言,「家庭農場」方能表達以家庭勞動投入農耕,並且藉著勞動自我調節(自我剝削),彈性面對外部經濟體制變化的農民生產體制。不過此概念也往往將農民視為職業類別,而非不同社會文化結構中的生存處境。本章旨在探究農民產品交換的社會連結,衡諸臺灣社會文化概念與本地語境,「小農」一詞較具歷史脈絡,涵蓋農村文化、農業生產、農民象徵且突出標定社會座標。使用「小農」概念也較能還原其所身處的文化、社會與政經脈絡。此外,本書「小農」(peasants)或「農民」(peasants)兩詞交錯運用,小農/農民指以農業生

年來，占歷史主要位置的社會實體。當然，一百五十年來的工業革命以及其所共生的資本主義社會已然侵蝕了它的生存空間，不過，它仍然存在，持續地存在。而長期下來，農村社會的存在已與占主導位置的資本主義社會產生一定程度的契合；或者這麼說，兩者經由長期下來的互動，已有機地生出一種可運行的體制，此體制或受資本、或受國家、或受社會群體掌握，影響所及，導致其運作的模式各國不盡相同。

本章的焦點為由民間力量社會網絡以多種型態所組織的農產交換／銷售體系[2]，並探索此種「社會整合農業產銷體系」的運作模式、串聯機制，及其得以成功運作的社會基礎。本章所指涉的小農／農民，20世紀之前往往以家庭農場為基礎，家庭成員為主要勞動力，運用最適規模的生產資源，於農業生產領域內進行家戶耕作（family farming）以維持簡單再生產（simple reproduction），並將全部或部分的產品與加工品於市場進行交換的小商品生產者，21世紀由於臺灣農村人口外移勞動力不足，勞動力來源逐漸仰賴新住民及移工，受限於土地所有制及臺灣農地價格超高，農民為尋求最適規模及提高所得，往往以租地的方式擴大農耕土地。本章所稱的

產及收入的專業農民。至於不用 farmers 的用意在於呼應所指涉的是農民社群及其農村社會文化底蘊，而非僅僅個體成員或一項職業。

2　本章為行政院國家科學委員會專題研究計畫「小農交換的社會基礎」（Social Basis of Agricultural Commodity Exchange by Peasants）（NSC 100-2628-H-128-002-MY3）之部分研究成果。藉此表達對國科會支持及學術審查的感謝。

「社會基礎」係指社群網絡為支持小農商品交換體制，其運作模式為「流通合作化」或是科技時代的團購所共組的社會權力；而在此所指的「流通合作化」則是指農民與消費者之交換模式，透過聯合生產、聯合銷售，聯合採購以防止跨國資本對小農、小商品生產者、小商販與在地經濟網絡進行相對剝削的交換模式。

　　此處特意突出「社會基礎」（social basis）的思維以及臺灣近年來小農的真實處境及與農村社群的關係，[3] 以說明小農與消費市場連結的模式具有多元而複雜的社會連帶。不同的交換模式中，小農與消費者交換的不僅僅是農產品，消費者願意付出更高的價格，支持小農友善土地的生產，或者消費者願意花更多的時間進行產地拜訪、農事體驗，以一種環境學習的方式與小農產生連結，而這些交換模式正在逐年形式多元並且運作模式擴大。當然，長期觀察小農商品普遍的交換模式，仍是透過農會的共同運銷機制，而共同運銷體制之所以可行，奠基於產銷班成員對於班員供貨以及農會統銷分級的信任。當然，臺灣仍有許多農會偏離了農事服務業的精神，而以其信用部或其他業務為重，而這另導致許多農民需要依賴所熟

3　有必要加以說明的是，「社會基礎」概念旨在闡釋支持社會再生產體制運作的社會連帶，社會力參與經濟、社會及文化行為的多元模式。至於政治經濟學中「社會再生產」的體制再生產指的是不斷的、延續的產生，其為「物」的生產且以「商品」為導向，例如生產資料、勞動力、直接消費品、商品。另一個是生產關係的再生產，指的是「體制」，包含私有化的流通、或者合作化的集中，每一特定的再生產方式都有其具體的特徵。「社會再生產」概念涉及廣泛的政治經濟學意義。至於臺灣近年來小農的真實處境及與農村社群的關係及社會基礎運作，本章第三節有更詳細的論述。

悉的行口、販仔或地方商家以銷售農產品。換句話說,小農商品化的生產之所以沒有完全被資本壟斷,與小農交換過程的社會基礎有關,而此一社會基礎連結不僅僅是個別小農與某個或某類群體的社會連帶,而是一種社群協力的多方連結。

農業產銷體系主要有三大面向[4]:

一為由國家介入主導建構,利用農會的產銷班與共同運銷體系整合小農生產的農產品,先進入交易市場(果菜批發市場)進行販售,再轉入零售體系,稱為「國家整合農業產銷體系」(state-integrated agricultural marketing channel)。國家整合農業產銷體系最關鍵的作物是稻作,透過保價收購、公糧管理、進口品管銷、安全存糧(四個月)等機制全面維持稻穀與民生的平衡。

另一種產銷體系則由資本家主導,分為大宗糧食物資、超級市場經營以及大量食品加工。小麥、黃豆、玉米等大宗糧食物資,先透過農產期貨買賣進口臺灣,之後再加工製作成沙拉油等多樣產品,為了消化此類產品,資本家會整合或主導畜牧業,最後成為臺灣大量生產的雜糧作物及其加工品,以及大型量販店、超級市場、連鎖超商的主導力量,此為「資本整合農業產銷體系」(capital-integrated agricultural marketing channel)。

此外,則是實際運作上較為忽略的農業產銷體系——「社會整合農業產銷體系」(society-integrated agricultural marketing

---

4 本書所研究的對象為農耕業者,換句話說在此所指的農業產銷體系以農耕作物為主,林業、漁業、畜牧不在其列。

channel）。不管是傳統的「菜市仔」、「斡仔店」、「牛墟」，或者近來由消費者組織的合作網絡、基於信念進行友善生產與消費的有機商店、以農民為主體經營的農夫市集、農產品團購，顯然都已呈現社會整合農業產銷體系型態，而其所進行的交換互動往往不只是商品，也是對農的認識、理解與認同；甚而其利潤也並非由財團資本控制，是由在此多元參與、互惠共享過程中所形成緊密的社會連帶所支撐。非營利社會組織／網絡串連小農生產者與消費者，並搭建交易平臺，協助小農販售農產品予消費者。此種產銷體系一方面可能是由消費端所發起，透過合作消費的力量，例如主婦聯盟生活消費合作社（簡稱主婦合作社），有意識地採購友善環境小農的產品，並且給予合理利潤；另一方面也可能是由非營利的環保團體與消費者團體，或是某些深具社會意識的行動者們所發起，透過實體通路（例如「農民市集」、「農產品團購」）、或虛擬通路形成的電商（例如網際網路），協助小農與消費者進行交易；透過社會整合農業產銷體系販售農產品的小農，則將有意識地直接面對消費者，透過人與人的直接接觸與販賣商品，同時介紹農業生產的環境價值與個別小農的理念。

若以從土地到餐桌的過程看來，農民的勞動交換（交工／相放伴）、物物交換（品種、農產品、加工品），或是勞「物」交換、商品與貨幣交換都有其複雜的因素與鄉村性的展現，不過農業經濟學或農產運銷研究顯然聚焦於商品與貨幣交換，行銷（marketing）或流通（circulation）從產地到消費的銷售之意。從農民到消費者的運銷工作包括：集貨、分級、選別、包裝、運輸、拍賣、批發、

零售、推廣，甚至廿一世紀盛行的網路行銷。許文富指出：

> 農產運銷與農企業運銷（agribusiness marketing）之主要差異，在於前者只限於產品的運銷，而後者則除農產品及農用品之運銷外，當從事生產業務。其所以用『農企業』一詞，是因為現今之農業經營已進入企業化經營階段，規模不斷擴大，生產技術不斷革新，可以採行垂直整合經營策略，降低成本；而傳統的農業是以家庭農場型態經營，農民只顧生產，而運銷則委由運銷業者辦理（許文富，2012，頁4-5）。

是以，農產運銷對整個社會經濟的重點為：一、農產運銷在經濟發展過程中，與農業生產同屬重要；二、運銷是一切經濟活動的開始；三、運銷作業是調節經濟活動的主要力量；四、運銷提供眾多就業機會；五、農產運銷的發展可使資源分配更趨合理化。不過，仍主張應「建立運銷導向的生產體制（market oriented production system），產銷整合，供需得以密切配合，產品有銷路，生產者也可獲得合理的價格」（許文富，2012，頁6）。

許文富直接指出農企業與小農／農民運銷型態的差別，也點出農企業「採行垂直整合經營策略，降低成本」，意味著以利潤為導向。不過，此類思維著重運銷與流通，較少觸及小農／農民參與集體運銷的可能性，或者從土地到餐桌多元的發展模式。

換句話說，討論農產品流通仍然偏重商販或資本主導「資本整合農業產銷體系」，在此將探討以消費市場為導向的「社會整合農

業產銷體系」，以及臺灣長期運作的「國家整合農業產銷體系」，即農會產銷班透過農事研習、個別生產、分級包裝、共同運銷等「農民組織化」的方式，集體面對市場的模式。本章探討的「社會整合農業產銷體系」其中關心的農民社會、生態環境與糧食安全（food security）等層面，則是深入探究小農交換的社會基礎，以呼應農民研究的另一方視野：著重農民社群結構、社會文化、社會經濟、政治關係，以及「鄉村性」（rurality）的特質。

另外，以在地經濟為主，介於資本與社會之間，由商販組織成的運銷通路，在產銷體系所占比例不低。在此種運銷體系中，小農將農產品販售給商販（盤口），商販轉入中盤商與大盤商手中、進入交易市場，最後再轉入零售體系。其中，農產品整合的運作模式涉及農村社會網絡，但是在面對消費者前的中盤商或大盤商又與進出口資本連結，進口根莖類農產品及鄰近國家蔬菜者，甚或同時掌握中高級餐廳、平民餐廳（自助餐、火鍋店）的供貨網絡，是以這種由商販組織的農業產銷體系雖屬「社會整合農業產銷體系」，事實上卻是介於在地經濟與資本運作之間的運銷體系。前述運作模式請參見圖4；第2章圖4與第1章圖2相同，為便於論述，於第2章再行圖示。

筆者過去進行的「從國家規約到市場機制：契作農家的生產與交換」田野調查顯示，小農轉型的首要考量並非技術，亦不是土地規模，而是「市場的可及性、穩定性」。在高雄美濃，一位因臺灣菸酒公司（原公賣局）取消菸葉契作、不得不轉作的受訪者提及，他轉種紅豆的主因在於他對紅豆商「認識許久」，「出路較好」。

而在彰化二林,曾經契作葡萄的受訪者則指出,實在不知道什麼作物的價格比較好,所以最後決定種稻,儘管種稻「較歹賺」,但「稻子,農會會收」。換言之,對小農而言,基本生計的維持首重穩定,什麼樣的產品流通管道穩定,他們便栽種何種作物,產品流通的穩定性是最重要的決定因素;且在此狀況下,他們也較傾向選擇經由國家主導的農會產銷班系統,或傳統盤商建構的銷售管道,將自己生產的農產品送入批發市場。近年返鄉第二代,才會較積極的參與網絡行銷或農民市集。

青年進鄉或農二代返鄉的專業農民較為積極與各類非營利團體合作,參與農民市集,或以「社區協力農業」(Community Supported Agriculture, CSA)[5]的模式建立與在地消費者聯繫的管道。有意思之處在於,農民市集雖能吸引重視環境與優質飲食的消費者前來,但人數較少,且人潮時常受到天氣因素影響。而「社區協力農業」為顧及產品供應量與品質的穩定性,往往涉及與消費者的溝通互動甚至爭執,而形成諸多不確定感。

換句話說,此類「社會整合農業產銷體系」(society-integrated agricultural marketing channel)依互動狀況又形成三類網絡型態,其一為穩定度高的契作網絡,例如主婦合作社;其二為著重理念交

---

5 Community Supported Agriculture,簡稱CSA,此一名稱究竟應該翻譯為「社區支持型農業」、「社區協力農業」,或者仿效1971年日本推動CSA概念的語彙「提攜農業」,筆者認為「協力」一詞較能反映農民與消費者共同投入、分享互動的對等連結,故採用「社區協力農業」。2011年,商周出版社翻譯的《種好菜過好生活——社區協力農業完全指導手冊》亦採用此一翻譯。

流與分享的面對面網絡（face-to-face），例如農民市集、社區協力農業。其三仍是由農民與消費者直接聯繫，但以網際網路為主，交易同時也助長理念傳遞及健康種植資訊分享的網絡直銷（參見圖4）。

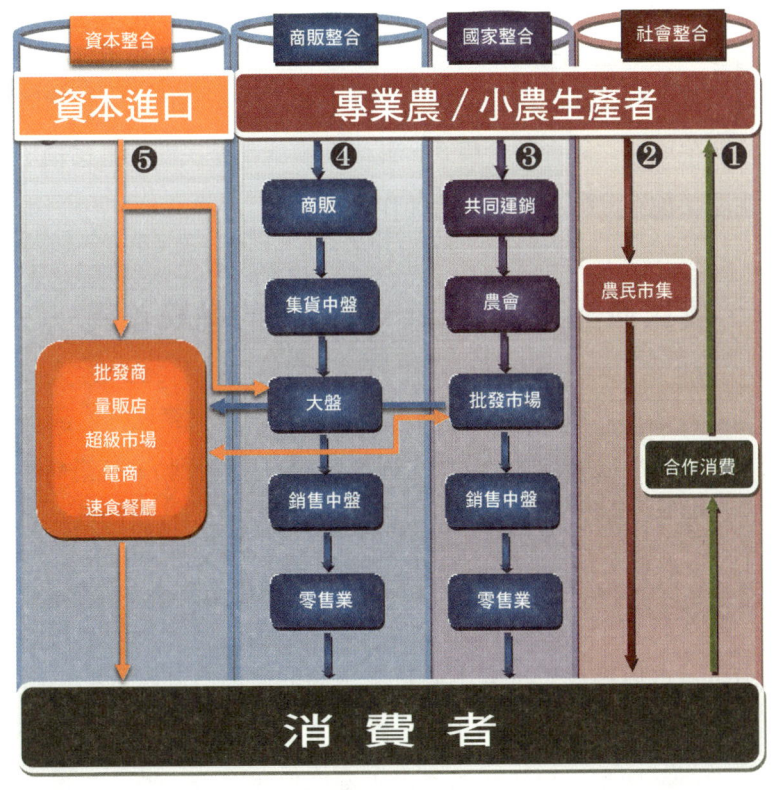

圖4　臺灣現行農業產銷體系（marketing channel）類型圖
（筆者自行整理繪製）

所以，什麼樣的社會基礎提供了農民進行農業生產與產品交換

的可能性?而他們對於農業生產的概念與實踐方式究竟為何?換言之,什麼樣的時空環境與社會基礎導致「社會整合農業產銷體系」得以實踐?該如何整合社會力量,臺灣農民社群如何運作,其轉折的意義何在,與臺灣農業社會、農耕文化的連結為何?以上種種,才是我們真正必須追問並持續關注的課題。接下來將探討小農交換的社會基礎,並且著眼以農耕為本,擴大社會整合。本書後續章節將以美濃農會案例說明在地經濟與國家整合之產銷模式;以彎腰市集說明生產端之社會整合模式。此兩類模式都是民間力量集結,掌握生產交換與分配之社會經濟運作。

一、農民研究(peasant study)的軸線差異

探討小農交換的社會基礎,勢將從農民研究談起。「農民研究」一詞顯然意指農村、農民、農業農識的具體行動、交錯網絡與社會型態及象徵知識;當然也與社會變遷過程中,從封建傳統到資本主義/社會主義的政治經濟學的視野有關。

農民與資本主義之關係,歷來多以政治經濟學視角的相關研究出發,古典馬克思主義對於資本主義的發展有其深入的分析與洞察,不過在思索農業議題時,顯然將其看做是資本主義擴張導致的大環境衝擊,封建權力不得不剝削農民,最終迫使農民成為離散甚至消失的社會群體(馬克思 2001[1852]);抑或是在資本主義擴展前期,原始積累過程中,農民因遭遇圈地危機、生存無著,不得不變成一無所有、出賣勞動力維生的無產階級(馬克思

2004[1867]）。然而，儘管世界各國面對資本撞擊、轉型至資本主義的過程反應不一，諸如臺灣、韓國與日本等被殖民與殖民國，均在二次世界大戰後成為美國資本主義擴展的典範，進行農業更新、土地改革，線性經濟發展。

此外，如 Bernstein 與 Byres 回顧，在：一、轉型至資本主義上（馬克思、列寧）；二、「社會主義的原始積累」上（列寧、普列奧布拉任斯基〔Preobrazhensky〕、布哈林〔Bukharin〕、托洛斯基〔Trotsky〕、史達林）；三、以新興的中產階級民主為條件展開的階級鬥爭上（馬克思、考茨基〔Kautsky〕）；以及四、中國社會主義革命過程中，毛澤東的主張比「古典」馬克思主義的中心思想（或後者所致述的大部分歐洲地區）更促使大家將注意力擺在農民上。換句話說，Bernstein 與 Byres（2001）從前述研究經驗，點出農民研究需建立在古典馬克思以英國資本主義擴展的邏輯，以及資本原始積累過程對稱之外，而應針對農夫（Peasant）及第三世界經驗，利用廣泛的分析，對其經驗實踐及政治議題等，進行跨領域的研究與回應。

除了古典馬克思主義及後續左翼的實踐與研究，Byres（1994）還提出嚴重影響農民研究的第二個知識資源是七〇年代所進行的，以農民社群結構、經濟、政治、特質為主的「農民研究」。Bernstein 與 Byres 提出的著作如下：

Eric Wolf 的《農夫》[6]（1966 年，及其同樣具創新概念的

6　Eric R. Wolf, 1966, *Peasants*。臺灣譯為《鄉民社會》，臺北，巨流出版社。

《二十世紀農民戰爭》(*Peasant Wars of the Twentieth Century, 1999*)),Barrington Moore Jr 的《獨裁與民主的社會起源:造就現代世界的地主與農民》(*The Social Origins of Dictatorship and Democracy: Lord and Peasant in the Making of the Modern World*, 1966),以及 A.V. Chayanov《農民經濟理論》(*The Theory of Peasant Economy*)的第一份英文譯本(1966年,原稿寫於二〇年代)(2001,頁4)。

Wolf 將重點放在中南美洲農民結構與動態,以及俄、中、越……等社會主義國家的農民戰爭。Moore 則針對英、法、日、美、中等國家在政治形成過程中,地主與農民的處境加以研究。Chayanov 的著作主題則與農民耕作的本質及邏輯有關。

基本上,農民研究至少分為兩大研究取向:其一著重資本主義擴展過程中的農民處境,以及特定國家農民的團結與革命;其二則為對農民社群的廣泛關切,此一社群涉及農村社會結構、農村生產資源在地主與農民之間的權衡與對峙、家庭農場本質與邏輯,及其在不同社會型態(包含資本主義體系)的發展與命運。

以臺灣為例,前述兩大研究取向中,著重資本主義擴展過程中的農民處境者,最早有矢內原忠雄(1956),其研究觸及日本殖民政權為將臺灣轉向資本主義國家,所進行的臺灣度量衡確認、土地調查並將土地收歸國有,以及配置資本家形成國家發動的圈地;後有涂照彥《日本帝國主義下的臺灣》(1992),以及柯志明探討〈日據臺灣農村之商品化與小農經濟之形成〉(1989),並且藉由米糖相剋的經驗,解讀日本殖民主義下,臺灣的發展與從屬。矢內原忠

雄針對當時農業部門的雙軌制，主要以臺灣糖業與日本資本及臺灣資本的介入相關，此一介入由日本殖民政權國家主導，將土地以現代化方法進行調查，置入私有化與登記制，重新整編土地，並投入資本控制各地的糖業生產；此一控制生產意味著從品種、耕作範圍到糖業加工全面的掌握，以及對實質耕作家庭農場的種種盤剝，形成「糖業帝國主義」（矢內原忠雄，1956）。柯志明的《米糖相剋》則具體的指出，糖業資本將家庭農場整編至資本主義體系內，藉由對市場交換與生產之外部條件的控制，以及從品種到耕作方式的鋪設，提高家庭農場的生產力，糖業資本「不但沒有摧毀家庭農場，反而將之再造而加以充分利用」（柯志明，2003，頁20）。因此，資本主義與農民家戶兩者不同的生產模式是並存的連屬關係（articulation），而不是取代的關係。

戰後，劉進慶在《臺灣戰後經濟分析》（1995）花了許多篇幅，探討1965年代之前，臺灣的國家計畫形成、助長國家官僚資本及私人家族資本的興起：「公業與私業的關係是定位於上下、主從、尊卑的關係，這種縱的生產關係基本上制約了臺灣經濟的兩極構造及其運動法則。……臺灣的生產關係係以公業為主導，私業從屬於公業生產關係。」（頁99）。並且對農民的壓抑，「農民雖『擁有』土地，以往將剩餘勞動以地租方式納給舊地主，現在依然無償地被『國家』所收取，加速其貧困化，終於變成單靠農業已無法維持家庭生活而落入小農以下的零細農地位。」（頁329）。筆者的研究則是針對資本主義擴張造成高度新自由主義世界市場開放，連帶要求農業自由化的過程、臺灣國家經濟發展政策、農業政策的改

變，以及對農民階級分化的影響。資本主義世界體系是一個整體狀態，但其拓展的過程，並不如新自由主義宣稱全球一家的美好。事實上，一個國家的世界市場就是另一個國家的國內市場，一個國家的自由市場就是另一個國家的被迫開放市場。透過種種談判手段強行打開開發中國家市場，透過世界組織種種協定，規範國境內的政策施為，哪裡談得上自由呢？美國農糧、畜產的外銷，直接打擊著臺灣內部草根農民的生產，同時翻滾出雙重的再分配機制，美國國內的再分配與臺灣本土的再分配，加乘作用牽動臺灣內部農業結構調整。農產品自由化透過國家機制為中介，它逼使著國家本身職能的退讓與萎縮『被迫在關稅上讓步、被迫調整國境內農生產，甚而被迫出讓糧食主權！』。臺灣的歷史經驗顯示，市場擴張與單一國家法權的矛盾與合流，在殖民時代以殖民地直接占有現身，在民族國家的時代以國際組織的強制現身，也以跨國公司的擴張存在（蔡培慧，2009，頁 29）。

　　儘管如此，臺灣政治經濟學農民研究脈絡仍集中在國家轉型過程，受制於形式上的殖民，或經濟上外部國際力量的運作與其對國內的影響，僅關注小農（也就是家庭農場）的生產力與生產關係，著墨於「生產過程」本身，而忽略外在於生產過程的社會條件。雖然過去的研究說明了農業結構調整如何限制農民生產關係的轉化（蔡培慧，2009，頁 83、202），不過，前述研究範疇仍然集中於構築生產關係的政治經濟結構而非社會脈絡。直言之，以農民的社群結構、社會文化、社會經濟、政治關係，以及「鄉村性」（rurality）特質為主的「農民研究」，實應予擴展。

關於農民社群及家庭農場部分，Chayanov 認為：小農採取的是維生耕作（subsistence farming），以滿足生計為原則，農民的生產與消費主要是受到家庭的人口結構所影響。因此，小農經營的擴張通常是導因於家中人口與勞動力的增加，而非刻意追求利潤所致（Chayanov, 1986）。

另一方面，小農的特質則又牽動資本主義體系下家庭農場的發展與命運。列寧以俄國的案例說明，農民的階級分化乃是創造俄國資本主義發展之國內市場的重要因素。列寧的「階級分化」概念是指，隨著資本主義的發展，農村中的生產工具（土地、農具與役畜）於各農戶間的分配狀態愈加不平等的過程：富農階級（kulaks）所掌握的農地面積（包括自有地與租用地）越來越大，農具與役畜的數量也越來越多；無力與富農階級抗衡的貧農被迫出賣或出租自身的農地，一方面可能得忍受不堪的生活條件，持續農業耕作，勉強維持自身的再生產；另一方面則可能淪為雇農，或直接遭逢無產化（proletarianization）的命運，被排擠至無產階級的隊伍中。與此同時，除極少數的中間農民能向上流動成為富農，其餘則向下沈淪至貧農階層，或進一步成為普羅階級。此一過程列寧稱之為「去農民化」（depeasantization）。換言之，列寧所討論的農民分化，實際上指涉的是農民階級內部的「兩極化」（polarization）過程：一端是掌握規模經濟優勢的資本主義大農場，另一端則是苟延殘喘的小農（列寧，1984）。列寧對於小農無法抵抗資本主義無情競爭的觀點，Chayanov 卻不表贊同。Chayanov 認為，農民會透過自我剝削的方式，面對資本主義市場的衝擊；而且，小農的生產力、勞動

力投入,更勝於資本主義企業農(capitalist farmer)。

過去臺灣農業相關領域的研究,多偏重農業經濟層面,鮮少觸及農村與農民層面。柯志明、翁仕杰(1993)的研究顯示,農民分化的途徑與其既有的生產資材和社會網路關係存在著密切的關係,此也與前述研究強調小農著重「穩定性」的觀察不謀而合。然而,同樣的,我們對小農側重市場穩定性的預設立場亦有所侷限,忽略了農民的自主性思維,以及在國家計畫經濟與資本市場利潤導向的前提之外,仍存在於田間勞動的換工,以及農產品因品種、因維持生計以物易物的互惠傳承,尤其是與農業生產息息相關的、農民與消費者連結的多方網絡,乃至於從生活消費層面反思與支持耕作農民的合作社經驗。現今政治經濟學脈絡往往關注國家權力、資本權力;本文則關注農民與民間社會的自主運作,亦即社會權力的運作,接著將以農民的產銷網絡,探詢農產交換整合體制凸顯的意義,在當前世界面臨生態危機與國際農糧體制的掌控,以及臺灣本身糧食危機、對在地經濟的衝擊之下,農民在生產之際,透過社會網絡,形成多樣化產銷連結。

二、小農交換的社會基礎

筆者在 2009 年針對契作農家進行廣泛的深度訪談研究,探究小農在失去國家契作保障或限制,重整生產關係之際,「社會基礎」概念日漸浮顯。在研究過程中,我們觀察到小農生產的「社會基礎」,幾乎左右了契作農家重整生產關係的安排。在此所指

的「社會基礎」表現在以下幾種形式：為解決小農勞動力短缺的協作（換工）機制、支持小農取得生產資源的供銷體制、協助小農納入市場的共同運銷機制（當然，也可稱之為協助市場取得小農商品的交換機制）、展現於產品流通的多元交換機制（共同運銷、農民市集及合作消費），以及近年逐步成形的小農商品預購制。正是意識到小農生產的「社會基礎」的重要性，筆者回顧過往臺灣農民研究中，關於「生產關係」與「社會脈絡」的研究幾乎是兩條平行線，而此一研究分野對於解答小農交換的現實已然形成了理解的障礙。然而，我們從現實經驗出發，反而發現「在地經濟」（local economy）思維脈絡恰足以統合小農的「生產關係」與「社會脈絡」，形成曲徑通幽的開朗（蔡培慧 2011，頁 166）。

西方學術界正對發展主義展開全面的反省，在諸多思維中，影響最為深遠的無疑是建構「另類發展」（alternative development）。此一「另類」有三層涵義，其一為「另」一個全球化，結合了南方主義，農民、工人、青年、婦女、移民等多元認同，同時挑戰、衝撞建立壟斷資本主義世界秩序的代表性機構（如 WTO、世界銀行 World Bank、國際貨幣基金組織 International Monetary Fund）與強權峰會（如 G8、G20），最著名的行動莫過於 1999 年西雅圖的反 WTO 示威、2000 年主張「另一個世界是可能的」（Another World is Possible）的世界社會論壇（World Social Forum）。在此，「alternative」具有「對反」的意味，事實上，前述社會運動的目的也在於「反對、反省、反思」那些高舉著經濟至上、資本優先的世界秩序。

另類發展的第二層意義，則是「另一個」、「替代的」，指的是試圖找出逃逸壟斷資本主義掌控，回應人們真實需要、人們生計的各類發展計畫，諸如1990年代初期於印度喀拉拉邦的人民科學運動，遙遙呼應了Polanyi的預設：「導致淪落的起因並不是通常所假設之經濟剝削，而是受害一方在文化上的瓦解。」（Polanyi, 1989, p.263、p.438-442）。另外，Lie（1997）則建議社會學研究市場的取徑，應多元入手，包含替代經濟（alternative schools in economics）、經濟人類學（economic anthropology）、文化社會學（cultural sociology），以及主張交換行為鑲嵌（embeddedness approach）於社會關係中的道德經濟研究。

另類發展的第三層意義則是「新自由主義的語義系統」。

> 我們也要發聲，不要其他人將經濟設定在金融地產等固定範圍，也不要讓其他人將社會經濟劃定在剛才所指的九大社企行業中[7]，從新述說經濟，重獲發展空間（許寶強，2013，頁24）。

此一思緒在多次閱讀之際，促發筆者參與社會運動過程的反身性的思考。首先，持續評估運動過程是否陷入片面的「新自由主義語義」，而未能具體的批判形成資本主義運作的政治邏輯。然而，

---

7 許寶強（2013，頁22）指香港政府《社會企業名錄》列出九項社企行業，當中包括家居服務及個人護理、清潔、飲食、零售、美容美髮、裝修搬運、設計印刷、環保回收及二手店等。

或許臺灣從威權時代管制性的國家計畫經濟，轉向資本主義的過程中，某種程度與民主化程序交疊；此外，在後續的公共議題批判形成針對藍綠政黨的傾向，忽略近年的資本擴張也同時拉大貧富差距的社會現實，對商品化、市場化、私有化往往少有觸及。當然，此一現象在近來的農民研究中已有所改變，針對商品化、市場化、私有化及國家角色的評估漸次出現。

其次，關於集體情感與身體經驗，從社會運動，特別是連結草根基層農民自主的農民運動，不管是農民語彙——例如一位在農村再生座談發言的女農，反對農再條例只做景觀工程，直言：「農民就是黑、乾、瘦，政府乾那會曉抹粉點嫣脂。」（農業萎縮，政府只做表面工夫！）或田間勞動——例如洪箱[8]點出：「你們要來灣寶訪調，先跟我下田再說。」似乎可看出當草根基層連結社會運動，情感動力的另類可能性。

這層替代進路與地方社會文人脈絡（人力、環境、文人與獨特的宇宙觀）連結，現實上的執行方案，可涵括在地方經濟（local economy）的進路之中。

> 在地經濟直言之就是建立起地域連結的多元自主生計的模式。它與一般口語中經濟所扣連的效率、降低成本、利潤極大等觀念無涉，它比較接近人們共存於社區、社群及社會中，真正

---

8 洪箱，苗栗灣寶社區專業女農，種植西瓜、地瓜，同時也是灣寶抗爭運動的主要領導人。

維繫著人類存在的美好質地合作、互助有較多的關聯。在地經濟模式意味著政治與經濟的重新架構,世界範疇已然展開的進路,包含著從微型金融、社群民主、社區協力農業等等。」(蔡培慧,2010)以臺灣的現實看來,建基於消費自覺,召喚環境意識與合作意識的主婦合作社,以及近年來由農民及各地社區工作者成立的農民市集,可為在地經濟的代表;當然,我們也不能忘記為支持臺灣小農而建立的農會共同運銷機制。儘管農會運銷機制飽受抨擊,然而持平看來,倘若共同運銷未曾建立或已然瓦解,臺灣小農縱使具有再高的生產力,恐怕也難敵嚴苛的資本盤剝(蔡培慧,2011,頁 166)。

儘管外顯的形式不同、規模差距甚大,但是共同運銷、農民市集、消費合作社隱隱然突顯出人民面對市場宰制時,無意識的集體抵抗。

對利益作太過狹窄的解釋必然會歪曲社會史與政治史的見解,沒有任何純粹以金錢為依歸的利益團體能達成保護社會生存這一重大的需要,而社會生存之需要的代表,通常就是照顧社會之一般利益的機構——在現代的情況下,就是現今的政府。由於市場制威脅到各種人在社會上的利益(而非經濟上的利益),因此,不同經濟階層的人會不自覺的聯合起來對抗這種危機(Polanyi, 1989, p.259-260)。

前已提及，美濃、二林契作農家的訪談顯示，農民所關注的面向與受研究理路制約的研究者不同，農民並不分析勞動力投入、土地規模、有沒有向農會貸款等「土地、勞動力、資本」之類的基本命題，而是在此基礎，農民的思考是從自己生活面向出發，以穩定度為原則，擴及整體的社會關係與社會現實。當然，Friedmann（1980）強調小農（農民）是一個來自實證的、普遍性的詞，通常隱含著與簡單商品生產的對比，這個對比被定義為商品關係再生產的滲透，且在商品化的概念下應被更嚴謹的呈現。「簡單商品生產」是政治經濟學下的概念，包含再生產狀態和階級關係的演繹，但在此概念下，「農民」生產被負面地定義為對商品化的抵抗，無法再產出與再生產或階級關係有關的推演。而 Friedmann 認為「農民」一詞必須要用一種全面且相互排除的，嚴謹定義生產方式的概念取代，而且定義這類生產形式的程序該被建立（Friedmann, 1980, p.37）。

　　農民的考量與語彙，不得迴避資本主義社會的生產形式，其呈現出的主要現象為：「資本」貫穿市場機制與社會生活；貨幣成為交換的主要媒介；農業勞動儘管有交換工（鄰里互助）傳統，也以雇傭方式為之。然而，我們的理解不應停留在此。從農民的考量中，我們看見「交換關係的穩定」才是他們關注的重點，「穩定」從何而來？它勢必是長久交往所累積的信任。而長期的訪談與行動研究，一點一滴的引發筆者思考「交換」關係背後的社會脈絡。

　　嚴格來說，此一轉折或者稱之為研究結構的思與為之間、認知與行動之間、理論與實踐之間，亦即智識範疇與具體行動並非各行

其是,而是身處其中思想與行事的交錯含括。Polanyi提出「默會致知」(tacit knowing)的觀點,指出:

> 由默會致知的結構可見,一切思想都包含我們在思考的焦點內容裡輔助性地知覺到的成分,彷彿這些成分是我們身體的一部分。……我認為『形態』(Gestalt)是人在追求知識之際,主動對經驗所形成的活躍的塑形,我認為這是偉大而且不可或缺的『默會力量』(tacit power),一切知識的發現,以及發現之後的執以為真,都是這股力量之所為。……因此,我今後將時時用『致知』來涵蓋實用知識與理論知識。[9](Polanyi, 1985, p.167-172)。

默會致知、致知為學術語言,證諸臺灣農民運作經驗,可理解為「農耕達人」、「農法匠師」,農民長期耕作,其農耕知識已經內化為農耕達人身體自行運作的能力。

在理論建構上,探究小農交換的社會基礎至少有二層意義:

一、在資本主義社會中,鑲嵌在社會關係中的交換及與其相應的「市場」是否仍有實踐的可能。這個討論扣連著Polanyi的根本提問,同時,也呼應Polanyi所預示的「自我調節」社會是可能的。如同許寶強指出經濟人類學家Karl Polanyi所強調的「社會鑲嵌」

---

[9] 此書譯者彭淮棟於該書頁172譯註2強調:「博蘭尼不用『知識』(knowledge),而多用『致知』(knowing),似乎著眼於『知』的動力,以及點名此『知』為活動而未具知識之定形。」

（social embeddedness）概念，「認為經濟就是社會，指經濟上所有活動，不論是使用、交換以及金融、財務等，都是社會實踐，不能脫離社會關係而獨立存在。我們現在談的社會資本，不管被稱為網絡也好、人情也好、信任也好，均是所有經濟活動的必然條件，沒有這些人際網絡、人情、信任，經濟活動是不可能發生的。因此，經濟就是社會。」（許寶強，2013，頁13）

二、小農、小農生產、鄉村社會的當代價值，超越了農業做為生產基地的單一價值；它驗證小農生產及其連帶的社群主義，透過具有社會基礎「交換」，擴大對居住於都市空間的消費社群的影響。這是農村社會對都市社會的逆滲透，也帶出永續發展的進步意義，社群平衡發展的可能。

就農民、農產、農業、農藝、農村而言，社會經濟具有多重含義，同時也出現多重樣態：初步看來，延續地方關係與根植於農村社會的鄉村性所支持的社會網絡、熟悉互惠與彼此協力，可視為對現代性的抗拒；次而，在此市場規模與地域網絡連結的市場型態，貨幣交換或小額利潤之外，形成農民與消費者的連結。換句話說，在全球化新自由主義狂潮中資本權力所主導的壟斷資本市場外，地方網絡與社會關係所形成的市場交換也持續運作。同時，此種市場交換也形成某種型態的商會網絡，例如清季至日治初期的牛墟，其趕集、露天的形式即轉為今日的農夫市集；或北港地區從清朝至日治的敢郊（日用雜貨交換）、糖郊、布郊……等，則形成日漸興起的小工坊、小商店。三來，當前的國家權力並非落實國家計畫經濟，而是國家透過政府機制形成法律規範或行政細則，例如合作社

乃是由主婦合作社等民間團體自主成立，並依據《合作社法》及其施行細則運作，但各項規範及工作重心仍由參與其中的社會大眾自主決定，目前該社成員時達 60,000 人，並支持 600 多戶家庭農場（許秀嬌，2014）。社會經濟的典範為基層金融互信互助，以臺灣為例，臺灣最早的儲蓄互助社是透過天主教會的力量，1964 年在新竹成立，成員以原住民、農民及基督教教友居多；此外，1998 年在參與者、社會力量及民意代表共同協助下，集結全臺灣 300 多個社區的基層金融單位，制定《儲蓄互助社法》（瓦歷斯・貝林，2013）。其中值得注意的是，此一儲蓄互助社為民間團體，運作基礎為金融合作，故其管理單位為社福機制，而非金融機制。

臺灣不時受到關注的食物安全問題，勢必會影響消費者的選擇行為，是以臺灣消費者的採購選項及行為尚在探究中，但是美國鄉村社會學界的重要研究者 Winter（2003）運用鑲嵌概念及實證研究，探詢美國在地食物與有機食物的購買行為差別，倒是得出兩項結論：一、買在地食物比買有機食物更普遍。買在地食物普遍反映了消費者對在地農夫和在地經濟的支持；另外，也有一些人強調其重視的是食物的味道或新鮮度，以及是否為食物原生產地。二、在地食物市場的建立有助於連結地方的生產者和消費者。透過新的在地食物經濟系統，農友與在地居民有對話的機會，有助減少地區性公共議題糾紛。Winter 特別強調，研究社群長期忽略了發展在地農產品市場的可能性，他的研究驗證了消費者對食物的品質要求，同時說明在消費者的認知裡，有機跟在地是兩回事。

從臺灣的主婦合作社、儲蓄互助社及美國對在地食物與有機

食物的比較，可見民間社會的自主力量是社會經濟的重心，針對農民、農產、農業、農藝、農村，所開展的從生產、交換、分配與消費的多樣型態，都可在社會經濟的視野中生意盎然。

三、以農耕為本，擴展社會整合

小農／農民對於經濟的思維迥異於自由市場利潤極大化的取向。小農在意的往往不是賺到大量的金錢，而是「穩定」與「可及」，這意味著小農社會基礎涵括社群網絡，團結合作、互相協助，並致力貨暢其流、價格穩定。然而，目前主流市場運作邏輯在於效率和利潤，此類市場導向的生產關係幾乎擴及全臺灣的農產供應，成為農產運銷的主要運作模式。不過仍然有許多關注多元連結的嘗試持續進行，如各地興起的農民市集、消費者共同購買運作近二十年的主婦合作社、實施認穀活動十年有餘的穀東俱樂部、網路興起的農民自營電商、持續維持農事服務的農會體制。此類社會整合農產運銷網絡一來增加農民與消費者的直接互動，二來穩定交換網絡與小農收益，正是臺灣社會經濟實質運作的經驗，未來更應擴大社會整合的生產關係。

本章主要回顧農民研究及另類發展的理論，然而臺灣小農的真實處境為何？其維生與社群連結為何？將在此節進行全面的介紹。

（一）日常經驗與農食相關

　　為什麼臺灣農民總有「越做越沒得吃」的感嘆？顯然，實質掌握通路的壟斷資本，以利潤導向為前提，宰制或超越農民生產與交換，遂行其是。舉例而言，同樣花 60 元買一頓早餐，如果是在便利超商消費，此支出大致分配在工讀生時薪、店長薪資、店家經營支出及少額利潤，其餘大多數回歸到掌握超商的資本企業，極少回饋到生產稻穀的農民身上；若是在村口的攤車，或自主經營的早餐店消費，除了運用在地農產，還可以掌握食品加工過程，創造就業機會，此一支出就會在地經濟或農村經濟系統裡運轉。或有店家經營成本，經過適當的地域分配，助長的是個人及社會目標，而非資本利潤。事實上，臺灣主流經濟運作仍是以資本積累為前提的資本主義擴張體系，如何形成另一層思維，以維持健全、永續的社會經濟體系，這表示要盡可能讓生產關係、消費關係及其就業網絡能夠增強地域連結，如建立在地的企業、以永續的方式運用當地資源、僱用在地勞工，並以在地的消費者為對象。所謂「在地」並非是指封閉、僵化、教條式的地域概念，其尺度盡可因地制宜、因事而異，「在地」其實具有相當的彈性及流動性。

　　所謂的社會經濟並非反商主義。自古以來，經商貿易原本就是任何一個社會都會出現的人類行為，更何況，並不是經商貿易就等於資本主義。一般的小商品交換只要在經營過程中儘可能合理地使用當地資源、合理地雇用當地員工，就可能成為為社區創造並保留利潤的在地企業；同時，在地企業由於規模小，連結多，自然能為

社區創造許多就業機會。2009年的金融危機，德國做了許多調查，其中有兩項指標別具啟發性：其一是農村地區的失業率明顯低於都市地區，其二是農村有非常多待經營的家庭企業。這意味著德國農村擁有穩定的生產關係，透過地域性的生產和消費，形成了一個具備就業機會完滿自足的在地經濟體系[10]。

除了民間自發性的、有意識的生產與消費行為，也應該監督政府提出適當合宜合理的政策，其中最重要的是土地儲備制，因為充足的耕地是小農永續經營的根本。以德國為例，地方政府平時即有意識地持續購入土地，一方面可做為地方辦理公共建設時的交換用地，防止過多徵收；另一方面，由政府確保農地的數量與完整，除避免耕地持續流失，當有「青年進鄉」選擇務農之際，也可立即提供出適當的耕地，供其承租，有效減低新人從農的門檻。目前臺灣仍欠缺類似的制度，再加上農地管制鬆綁，導致農地只有流失，缺乏維持現狀甚至增加的可能性。長此以往，臺灣小農妥善耕作的機會只會越來越少。

---

[10] 2010年7月21日德國慕尼黑工業大學Univ.Prof. Dr.-Ing. H. Magel演講指出：「將近50%巴伐利亞的經濟力是產生於鄉村地區。在經濟危機的年度，鄉村區域展現了成功的耐抗性。2009大都會密集地區的產值下降了22.6%，而在鄉村地區的產業在同年度下降程度為17.3%，明顯較低。……同時鄉村地區的失業率為4.4%，比整個巴伐利亞的平均值4.8%還低。而就業市場在區域之間的差距在去年也同時減少。這些特別是農林業在鄉村地區提供的就業機會，過去與現下都有很重要的意義，光是在2009年在巴伐利亞在這個部分就提供了192,000個就業機會。」其演講資料出處：http://www.bayern.de/wp-content/uploads/2014/pdf//10316164.basis_anlage.pdf

（二）小農維生之道與農村文化

「小農」的探討必須先釐清一個根本問題：何謂「小農」？是以耕作面積區分？經營產值區分？抑或勞動規模區分？臺灣農地持有者的平均每家可耕作地面積 0.77 公頃（中華民國統計資訊網，2020）[11]，而這個數字是否可做為臺灣「小農」的判斷基準？事實上，臺灣目前農地的持有並不侷限於農業經營者，許多人因為繼承或其他種種因素也有可能持有農地，所持有之農地也未必用作農業生產，因此以平均耕地面積做為臺灣「小農」的判斷基準，顯然會與事實有非常大的落差。

本文所指稱之「小農／農民（peasant）」，係指「以維持家戶勞動力的再生產為目的，而進行農耕活動」的經營型態；換言之，「小農／農民」的經營目的是為了養家活口，其產出主要是為了換取資源，而此資源必須要能維持農業家戶社會普遍的生活水平。若以此區分，對於「小農／農民」的認知，必然不能脫離其所處社會普遍的生活型態；而不同的作物有不同的價格，因此要透過務農賺取能維持普遍生活水平之所得的面積也會大不相同。以臺灣常見的作物為例，慣行農法的稻作可能必須有 5 公頃至 10 公頃的規模，

---

11 根據 2020 年農林漁牧業普查初步統計結果，2020 年底平均每家可耕作地面積 0.77 公頃，較 2015 年底增 0.02 公頃；因出租借或委託經營情形增加，農耕業者所持有之可耕作地中，非自有面積 14 萬公頃或占 26.6%，增 1.9 萬公頃或 4.1 個百分點。https://www.stat.gov.tw/News_Content.aspx?n=3703&s=226901

才能賺取維持臺灣普遍生活水平所需的收益；而有機蔬菜也許 3 到 5 分地即可達成目的。因此，若要推算臺灣小農最適規模，需先理解臺灣生活收支調查之家庭水平（行政院主計總處，2022）[12]及農戶所得，再對照耕作品種及耕作面積即可。推估最適規模種植蔬菜、果樹、稻作、雜糧有其差異，因此農民生產最適規模依種植品項之差異在 0.5 公頃至 15 公頃之間。

此外，農民的組成，兼業農占多數[13]，兼業農之所以要保持農民的身分，未必是因為做農有收入，而是彼時臺灣尚無國民年金，老農年金和休耕補貼無形中成為擁有農地的社會福利，也構成維持農民身分的最大誘因，如此一來勢將導致一般民眾對於農業的偏差印象，即做農的都是高齡的老年人。臺灣農業普查的第一個誤區即此：具有法律上農民福利身分者並不等於實際上的農務從事者。許多從農的青壯年人口，2021 年之前由於無法負擔購買土地、向農會申請會員資格等諸多因素，未能取得農保身分，自然無法成為法規保障的「農民」，成為統計上的盲點。所幸 2021 年以來，臺灣政府已經推動實際務農者可加入農民保險的相關作法。

或許，臺灣因務農收入不足，而尚未出現農家二代大規模承繼農業的情形，絕大部分的農戶以家庭自有勞動力的投入為主，農耕

---

12 行政院主計總處，2022 年家庭收支調查報告（2023 年 10 月）https://ws.dgbas.gov.tw/001/Upload/466/ebook/ebook_248815//pdf/full.pdf（引用日期：112/9/30）

13 根據 2005 年調查，農業收入大於臺灣生活收支調查之家庭水平的農戶計有 55,306 戶，農業收入僅能糊口為 716,273 戶，而糊口農戶中「兼業農」占 80.88%，有 579,299 戶（蔡培慧，2009，頁 241）。

勞動與農產品生產有其季節差異，因此季節臨時工的需求往往由新住民及移工協助，此為臺灣農業至今仍以小農體制為基礎的直接證據。雖然小農（家庭農場）農業勞動力已顯示高齡化現象，然而，若仔細考察農民年齡層變化，可發現 1990 年年齡層以 45 歲到 55 歲居多，2010 年則以 65 歲以上居多[14]，顯然三十年來並未達成勞動力再生產；直言之，勞動力再生產呈現的高齡化是現象，農民較缺乏新生代投入，從農者慢慢變老，斷層化才是原因。

不管從土地規模或勞動力投入來看，臺灣仍然以小農耕作為主。然而，此亦成為行政院主計總處的農林漁牧業普查的第二處盲點－現在農林漁牧業普查並未全面展現資本農的投入狀況，但事實上從過去的蔗糖生產、長期的黃豆、小麥、玉米進出口，以及當前的茶葉種植及品牌、畜牧業、有機農業、遠洋漁業，都已出現大規模資本投入。

理解並確立臺灣的小農體制，其目的並不只是做為對實然的觀察，更要進一步提出應然的主張。當前臺灣社會和國家政策，無不冀望能夠提高臺灣過低的糧食自給率，且不只是追求統計數字的提升，還必須進一步擴大生產與消費的連結。農村對於社會文化的意義在於，它並不只是糧食生產的來源，還包含生活環境的營造，以及對於社群文明的保存。臺灣漢人在這塊土地上已經生存了四百餘

---

14 依據行政院主計總處、農業部農糧署資料，民國 112 年農業就業人口按年齡分，男女的主力年齡層均在 50-64 歲。農業統計視覺化查詢網 https://statview.moa.gov.tw/aqsys_on/importantArgiGoal_lv3_1_6_3_1.htm（引用日期：112/9/30）。

年,原住民族甚至已經維持了四千多年,維繫農耕道法自然的傳統根植於華文化圈數千年,過往歷史的社會生活經濟型態俱是以小農生產關係做為基礎,這樣的生產關係包含了整個族群的歷史記憶,包含了許多的傳統、習俗、思維態度、人際關係,以及生命哲學,唯有重視並保存小農體制,才能使這些珍貴的資產持續保存下來。如果只是把提高糧食自給率簡化為數字問題,脫離了小農生產關係所塑造的文化紋理,那麼農業所形成的豐厚價值也將不復存在。

以美國為例,美國的糧食自給率高達 120%,但他們的農場動輒 1,000、2,000 公頃,經營者與勞動者分離,許多農場主甚至住在大都市裡,遠離他們的田地。這樣的經營型態使得農場僅僅只是一個生產糧食的工廠,美國紀錄片導演、畜牧業者、CSA 推動者無不反省資本農業形塑的農工業對農民、社會與文化的打擊(Henderson & Van En , 2007; Weber, 2010)。資本農業不會與在地社區發生關係,更遑論承載任何因著農業而來的文化傳統或社群網絡、人際互惠。諸多先進國家,例如歐洲,仍會透過許多方式保留農村原始的肌理,進而保留根植於農業的多樣化勞動與社會關係,以及因為多樣化勞動和社會關係而衍生對於勞動力的選擇。

這是一個有關價值選擇的問題。當前臺灣社會所面臨的正是在農業生產體制之上,到底要選擇哪一條路?資本農業顯見並不符合臺灣現狀,維有藉助社會經濟,以社會力多元支持小農體制(適當規模的農民產銷)才是兼籌並顧之道。

第 3 章

臺灣農業結構與政策脈絡

一、臺灣農業發展[1]：政府中介力量

臺灣於 1952 年完成土地改革，基本上完成了臺灣農戶耕地的平均化（以水田 3 甲、旱田 6 甲為原則），如此貫徹的政策施行，就世界農業發展的歷史而言並不多見。以土地改革為基礎，臺灣確立了相當穩固的小農的生產傳統，並由之產生一整套的國家體制來支持小農生產，例如以臺灣農會為主的產銷支持、以農業改良場為發動機的農業技術之公共傳佈、地方農業金融等。蔡培慧（2009，

---

[1] 本章探討重點為臺灣農業結構由計畫經濟受國際新自由主義影響進行結構調整，朝向農業自由開放。農業發展政策研究階段分為第一階段：1945-1952 戰後接收、土地改革。第二階段：1953-1968 農業擴張、以農養工。農業計畫經濟，第一至第四期四年經建計畫。第三階段：1969-1981 保價收購、提高農民所得。第四階段：1982-1991 農業結構調整，1990 年向 GATT 提出入關申請。第五階段：1992-2007 農業自由化，1992 實施國家建設六年計畫，提出臺灣農業零成長。2002 年臺灣正式加入 WTO。本章未觸及 2008-2016 簽訂 ECFA 與中國農貿往來、2016-2024 農民福利、專業農輔導、水資源管理公有化及拓展競爭型農業等政策。

頁51)點出彼時臺灣農業部門的具體政策：

一、扶植自耕農：協助農民取得小額資金（基層金融／農會信用部）、品種研發（農改場）、農業推廣（技術與行銷）；

二、掌握糧源、肥料換穀：政府透過實物換穀、稅租繳穀、肥料換穀等政策掌握稻米來源，在當年安定民心（低糧價）、實物券（軍糧及公務人員可領取稻穀）、稻穀外銷（創造外匯）；

三、建立農民組織：重組農會及農田水利會；

四、農產品外銷：早期的外銷由國家主導，出口外銷稻穀、蔗糖、香蕉、洋菇、鳳梨罐頭等。

其中特別值得一提的是1950年推行的肥料換穀政策，1968年肥料換穀達46萬公噸，占政府糧源63%。政府因肥料換穀取得糧源，透過國營企業臺糖公司外銷，將農業生產所換取的外匯投注工業生產，形成1953至1968年間的農業擴張、以農養工。但看以簡要的「以農養工」、「肥料換穀」，實則影響臺灣農民的生計，長期以政策手段壓抑臺灣農民的收入。

上述對於小農生產體制的支持，並不僅只是國家機器友善小農的政策而已，其主要動機在於斂取農業剩餘。「以農養工」，具體的例子是肥料換穀的比例，肥料價格及換穀比例由國家決定，國家以低價取得稻穀，部分作為公糧穩定民生，部分外銷賺取外匯扶植工業。劉進慶（1995）亦認為這一種「擠壓式」的剝奪，直言政府如同大地主，「國家地主」對農業剩餘的奪取，其一是米穀強制徵收；其二則是蔗作的分糖制，而米穀強制徵收中的「肥料換穀」最為可觀。

蔣經國 1978 年上臺之後，情況有所轉變，其主因為農家所得與一般家庭所得差距過大，導致蔣經國政府不得不採取新的農業支持措施，稻米生產的保價收購即為著例。整體統計來看，1969 到 1981 年間，在保價收購政策的支持下，維持了臺灣當年 200 多萬公噸稻米的生產。透過農業政策脈絡的簡述，我們得以看到政府面對國家整體經濟發展、國際貿易競爭和外交角力的內外壓力時，政策的規劃和施行，對於家戶農業的支配力道有多麼巨大。

　　臺灣平原地區以及其他主要農業生產地帶皆已高度商品化，高度商品化的農業生產有兩個主要特徵：其一是個別農家對市場的連結性很強，農民往往對市場價格的波動很敏感，每年每季的價格波動都會反映在其接下來的生產行為上。其二是個別農家皆具有高度生產力，無論是種苗研發、育種，抑或資材的施用等，都會為了增產提高收入，積極嘗試，每個農家都儼然是一個田間實驗室。

　　然而在 1980 年代以前，高度的生產力並未使小農本身產生質變，亦即農民仍然以家庭農場經營型態為主。所謂家庭農場，係指農業勞動力來源以家庭成員之勞動力為主，其獲益目的是為了維持家庭勞動力的再生產。國家對小農的作用力主要仰賴以下的再分配結構：為因應國際局勢的擴展，臺灣從農業社會轉型為工業社會需求大量出口，而在各式各樣的對外談判桌上，往往以農業作為交換條件來擴展臺灣的工業發展。但是這樣的代價並非單純轉移農業資源，直接斷農民的生計；相反地，政府必須細緻操作，在資源轉移的同時安撫農民，透過國內的農政機構以及內部市場、農民組織來調整農民在個體的結構，才能達到國家對內、對外的穩定發展。

數十年來，臺灣農民深受國家雙重結構的影響。儘管國際貿易的波動並非直接影響農民，但國家在全球化世界市場的擴張結構下也並非毫無角色；相反地，國家在國際貿易市場與個別農家之間，扮演了一個非常重要的中介角色，在雙層次的架構裡影響基層農民、農業結構，也形塑農村地景文化的模樣。

二、雙重再分配農貿結構

（一）臺灣的農業結構調整

　　1980年代，國家對小農的政策發生了質變，臺灣面對世界開放市場，重心除了原來的機制，主要轉向於如何讓農業商品市場完整建立。1980年代迄今，將近40年的農業發展非常複雜，此歷程主要聚焦在國家的角色，亦即國家如何扮演對農業資源的重新結構，以及其如何看待小農、支持或是壓抑。就經濟面看來，現代國家發展的過程中，農業在總體經濟中所占的比重無可避免在衰退當中。因此，國家採行再分配政策涉入農民得與農業調整（agricultural adjustment）。當再分配政策面臨農業自由化趨勢，其範疇擴展至國際農貿市場之際，國際局勢作為外部因素影響著國境內的農業政策。如此一來，雙層次的再分配架構，共同對基層農民產生作用，這就是1980年代中期以降臺灣農業結構調整的框架與現實（蔡培慧，2009，頁36）。

　　1992年，GATT面臨最後一個談判，即烏拉圭回合，臺灣觀

察團最終決定服膺於國際農業貿易自由化的主張，自此之後，臺灣農業的成長率開始下滑。若以進口額觀之，1980 年代起，臺灣持續開放國外農產品進口，早期的年平均約為 4,741 百萬美元，直至 1993 年大幅成長至 8,308 百萬美元，2002 年則是 8,288 百萬美元。這個過程意味著臺灣農業結構受制於國際自由貿易開端始於 1993 年，而非一般認為的臺灣於 2002 年加入 WTO 才受制於國際自由貿易。依著上述統計數字的脈絡，可將臺灣的農業結構 1945 年到 2007 年的發展區分為農業結構調整階段，以及加入 WTO 的階段。至於四個主要政策，則是稻米、開放美國農產品進口、進行臺灣內農業結構調整、WTO 入會諮商。

首先是稻米的部分，1970 年代蔣經國執政時期，為了提高農民所得，施行了保價收購措施，亦即國家保證收購價格（目前 1 公斤為 20.6-26 元[2]），收購農民所生產的稻米。保價收購確實有效地促使農民增產，也確實提高了農家所得，然而這樣的再分配政策也馬上產生了搶種、爆倉、倉容不足等問題，導致政府財政壓力；倉容不足，也導致許多收穫的稻米無法得到妥善的儲存。

面對新的壓力，政府採取了兩項解決的方案：其一是透過國際貿易外銷稻米，其二則是減少國內稻米生產。美國米商便透過美國

---

[2] 農業部農糧署（113 年 4 月 25 日）農糧字第 1131185484 號公文公告 113 年第 1 期作公糧稻穀收購數量、價格、期限暨濕穀計價方式，乾穀每公斤收購價格：計畫收購稉種稻穀 26 元、秈種及糯種稻穀 25 元；輔導收購稉種稻穀 23 元、秈種及糯種稻穀 22 元；餘糧收購稉種稻穀 21.6 元、秈種及糯種稻穀 20.6 元。https://www.afa.gov.tw/cht/index.php?code=list&flag=detail&ids=308&article_id=30226（引用日期 2024/10/1）。

國會向臺灣政府施壓，催生了著名的《中美食米協定》，該協定簡言之即限制臺灣稻米外銷之範圍，僅允許相當貧窮的國家才能夠成為賣出國，因此外銷解套的方案至此宣告失敗，於是政府只能更加積極地推動轉作政策。轉作計畫區分為四期，每一期大約是六年左右，1984年至1996年的前兩期，進行的是實質的轉作，亦即將原來種植稻米的面積轉作蔬菜或雜糧。然而自1997年開始，實質轉作政策改為水旱田調整政策，就是現在一般認知的「政策性休耕」，以給予休耕補貼的方式，直接減少農作的生產。如此形成了一個政策上的矛盾，一方面透過保價收購來鼓勵農民種作，另一方面卻又透過休耕補貼來鼓勵農民不要種作。休耕補貼作為政府安撫農村因農業結構調整而出現的反彈，卻導致臺灣2005年左右農地休耕面積達10萬公頃[3]，在目前世界糧食危機的處境下，顯得異常荒謬。

　　加入WTO之際，媒體常常提到「棄豬保米」，亦即進口糧食的前提，是必須確保本國糧食的自給自足。然而這個目標實際上並沒有達成。由於稻米對東亞國家而言是一項具有特殊性的作物，所以WTO中規定了特殊的條款，分為兩種模式：其一是已開發國家模式，六年內需完成進口國內基期年用米量之8%；其二是開發中國家模式，十年內需完成進口國內基期年用米量之6%。開發中國家模式以韓國為代表，已開發國家模式則以日本為代表。至於臺

---

[3] 行政院主計總處公布2010年農林漁牧業普查初步統計結果，2010年稻作全年休耕的面積為1.8萬公頃，相較於2015年5萬公頃、2010年9.4萬公頃、2005年10萬公頃，逐漸減少（111年6月20日）。https://www.stat.gov.tw/News_Content.aspx?n=3703&s=226901（引用日期2024/10/1）。

灣，則是採取比日本更差的入會條件，首年即必須達到進口國內用米量 8% 的標準，且日本進口配額全由國家控制，臺灣則是有 35% 配額由民間自行進口，直接進入國內市場。臺灣僅少量特定因素進口稻米，基於加入 WTO 的制約入會同時被進口了 144,700 公噸的稻米。第二是美國農產品進口的歷程，相關文獻顯示，自 1980 年代起，臺灣、日本、韓國都同樣面臨美國的農業貿易，美國以其國內法 301 條款，要求東亞國家開放本國農產品市場，否則即要脅施以貿易制裁。臺灣市場的開放首先從菸酒開始，導致過往公賣局在美濃所契作的菸葉、在二林所契作的葡萄栽培面積大幅減少，直接影響到農民的生產與生計。1988 年，美國要求開放更多種類的美國農產品，包括火雞肉、水果等，本已開放進口的大宗穀物則要求提高進口量，凡此種種終於引致農民的反彈。在此脈絡下的農民訴求主要有兩大路線，其一是過去轉作時期並未轉作，持續稻作農耕的農民，由於其所生產者依舊是糧食作物，因此不會受制於經濟作物進口導致價格下跌的影響，此一路線之農民所要求者，主要係農民福利化之措施，例如農保、老農年金等；其二則是如東勢地區等已經開始商品化生產的農民，此一路線之農民反彈的力道遠較稻農等傳統作物激烈，原因在於開放進口直接打擊到農民的生產商機，同時商品化生產的農民也已較有面對市場的經驗，與糧食生產的農民主要是受到國家機制的調節與規範大不相同。商品化農民訴求重點在於爭取更好的商品化條件，如限制進口等，另外與市場接軌，例如「洗選蛋」機制也是在此契機建立，以確保蛋農之收益，雞蛋品質。由此可知，在美國農產品進口的歷程下，農民本身也有不同

的分化：糧食生產型的農民所冀求者主要為生活的穩定；而商品化生產型的農民所捍衛市場價格收益。

　　簡明來看，保價收購穩定主要糧食的價格同時確保（由於長期低糧價，以農民觀點視之為限制）農民收益，一來農業勞動力改進，引進機械農機組織代耕隊。二來推動生產專區，擴大生產規模，並且積極興建果菜批發市場。三來農業生產價值再分配政策的調整，最主要的廢除肥料換穀，並設立糧食平準基金。這些政策為蔣經國任內所提出「加速農村建設九項措施」。此時臺灣初級工業發達，經濟上揚，都市人口增加；藉由果菜批發市場農民與消費者建立起農產運銷機制。蔡培慧（2009，頁54）指出「臺灣農產運銷機制長期以來與地方勢力有著密不可分的共生關係，藉由操弄菜價形成另一種形式的盤剝。但是，一個嶄新的、不完全由國家控制的流通市場的出現，總是事實。可以說，當時的臺灣農業生產關係已產生質的變化，除了國家控制的農糧生產，商品化生產以及商品流通機制已漸次成形。」

　　農業自由化第一階段（1992-2007），臺灣整體農業政策發生了很大的轉變，其具體內容則被寫入當時的《國家建設六年計畫》。1992年的《國家建設六年計畫》明確記載臺灣經濟政策方針為「農業零成長」，對農業部門的發展造成嚴重的干擾與貶抑，甚至導致農業成長率負成長；緊接著1995年農委會發佈的農業政策白皮書，更進一步表示臺灣將放棄糧食自主的堅持，只需維持糧食供需的平衡即可。自主與供需平衡的意義完全不同，後者正意味著國家決定全盤接受世界體系的農貿結構，也造就了臺灣當今綜合糧食自給率

30.6%，小麥自給率 0%，玉米自給率 10% 的潛藏糧食危機。

　　農委會推行的農業結構調整也包含了農業資源的轉移，首要就是農地的釋出。1995 年起推行農地釋出方案，當時的釋出較多是區位性的大規模釋出，作為地方大規模開發之用途。少部分擁有較多農地的農民受惠於此釋出方案，成為了所謂的「田僑仔」，這也使得「有土斯有財」這句話有了新解，靠農地參與開發以致富翻身的觀念逐漸流行，於是要求政府開放農地自由買賣的聲浪也日益高漲。2000 年 1 月，農地農有的政策方針終於潰堤，《農業發展條例》修正，廢除過去自耕農才可以購買農地的規定，大幅放寬農地農有、農地農用的限制，例如將農地最小分割面積大幅下修為 0.25 公頃。以農業生產的需求而言，0.25 公頃完全不是適合種作的面積，其最有可能的用途便是興建農舍，這也引致了後來宜蘭、桃竹苗淺山地帶、高雄美濃、臺中鄰近鄉鎮等地的農舍濫建亂象。

　　上述農業資源的轉移過程，其實對過往土地改革的成果產生了根本性的影響。臺灣完成土地改革後，基本上達成了農業耕作土地的平均化，雖然後續因繼承等種種因素，土地分割走向零細化，但大體上還是可以透過委託代耕、農民之間耕作或是自己耕作，然而透過政策導引的農業資源轉移過程，卻又建立了農民認為最終致富手段就是出售土地參與開發的想像，以致於當前臺灣的自主農業生產面積除了承受極大的「鯨吞式」大規模開發壓力外，還出現了如豹斑一般遮蔽日照、廢污水亂排的蛙跳式個別農舍「蠶食」亂象。

　　除了土地資源的轉移外，1993 年至 1995 年間，許多拆解小農生產體制的國家政策相繼出現，諸如鼓勵集團耕作給予貸款優惠，

鼓勵重點農作如南瓜、臺灣鯛，鼓勵企業化經營等，都加速使得臺灣過往以支持小農生產體制為主的國家機制發生轉變，改為支持規模化、商品化的農業生產模式。

再把視角轉向國際舞台，農業自由化第一階段的 WTO 入會諮商，事實上其觀察重點只在臺灣農業還剩下哪些部門可以開放，原因在於經過先前一連串政策調整，臺灣農業市場大體上已是高度對世界開放，這一波的重點主要是畜牧業。畜牧業曾經因為 WTO 的入會諮商觸及開放豬五花肉，而發動一連串的抗爭，例如將豬屎倒在美國在臺協會 AIT 門口等激烈手段。豬農的抗爭雖然結合了企業化經營的養豬公司與個別經營的小農養豬戶，然而其抗爭的訴求，包括海外投資輔導、產業轉型，企業農的訴求壓過了農民的主張，變成小農協助企業農抗爭，因此企業農取得貸款擴大規模，小型農戶卻被逼迫離農，至此畜牧業在結構上產生了根本的扭轉。

從上述主要政策的調整過程，可以發現都隱含了一些相同的要素：同樣受到外部壓力的進逼，內部作為則根據相同策略，表面上透過許多福利措施安撫小農，實際上國家資源卻轉向支持某些指標性的企業農；反觀臺灣的鄰國日本，儘管其同樣受制於國內農業市場開放的壓力，仍然投入相當多的資源支持本國小農生產。這四項主要政策（稻米、開放美國農產品進口、進行臺灣內農業結構調整、WTO 入會諮商）的調整過程，事實上反映出了我國國家分配機制結構性的矛盾。早年由於工業部門對農業剩餘的移轉過多，導致政策上必須反向給予支持，這樣的內在矛盾形成了當時的再分配政策。類似的情況也在美國發生，1930 年代新政時期，美國農漁

業遭逢嚴重的困境，因此當時的美國總統羅斯福為了安撫農民農企業，給予農業相當多的國家支持。其具體做法是給予農業高額的出口補貼以進行出口擴張，這也奠定了數十年來國際農糧幾乎是從美國內陸源源不絕地流向全世界市場的基礎。臺灣安撫內部的方式也是給予農業補貼，但並非生產或貿易的補貼，而是福利的補貼，生產補貼僅以少數大農作為對象，以此為框架進行內部的結構調整。當內部矛盾發生時，作為出口國的美國有能力將其矛盾外部化；但作為進口國的臺灣卻只能將矛盾內化吸收。儘管吸收的過程中，臺灣也經歷過農業保護的階段，採行一些農業保護的措施，然而出口國透過各種手段，例如訂立國內法、國際貿易談判等要求開放市場，因此所謂國際農糧貿易，取決的不是供需、不是自由經濟，也不是我國是否需要糧食，而是國與國之間力量的對決（參考圖5）。

1993年GATT烏拉圭回合談判以前，國際貿易基本上還是國與國的關係，然而當WTO的農業協定談判確立之後，國與國的關係就轉化為WTO這個超國家的架構，建立了世界性的多邊農業貿易結構。WTO以世界組織的國際法權，對會員國做出了諸多的限制，例如WTO會員國必須接受GATT農業貿易協定之規範；區分國內補貼類型，不得對農業進行資本與生產性質之補貼，只能進行維護環境的補貼等等，透過這些明顯有利於出口國的條款，來擴張出口國的利益。換言之，加入WTO的過程，對作為進口國的臺灣來說，其實意味著本身農業職能的退縮，同時也意味著出口國職能的擴張。因此，所謂的自由貿易，其命名根本上就產生了誤導，所謂的「自由」是指出口國因職能擴張所帶來的彈性，但對進口國而

言，卻會因職能萎縮帶來更多的壓力。

　　WTO並非是既得利益國勢力擴張的終點。WTO於1995年成立，新的農業回合談判始於2000年，然而經過十年卻一直沒有突破性的進展。換言之，對於農業世界貿易體系的追求已經無法再藉由國際規範達成，因此近年的趨勢更多轉向雙邊的協商，例如國際上多不勝數的自由貿易協定（Free Trade Agreement，以下簡稱FTA）。如此趨勢的主因在於新興國際勢力的出現，例如巴西作為世界農業主要出口國、中國及印度作為世界黃豆及玉米的的主要生產地，既有國際規範對於新興勢力的崛起有其侷限，在這樣的情況下，國際貿易的對決產生了全新的局勢，但在新的遊戲規則尚未建立之前，舊有的遊戲規則，亦即既有的WTO農業協定仍然有效，而既有的遊戲規則卻對臺灣這一類的小農國家非常不利。

（二）臺灣的自由化特徵與自由貿易的後果

　　綜上所述，臺灣的自由化主要有幾個特徵。其一是國家作為多樣化的中介力量所具有的雙重再分配性格：一方面服膺於國際資本的擴張，亦即以農業部門的進口犧牲作為工業部門出口獲利的交換；另一方面則是為了穩定內部的治理，採取諸如老農津貼、休耕補貼、保價收購等措施，以發放種種非農收入來補償農民在農業收入上無法滿足之勞動力再生產的缺憾。其二是臺灣農業的蕭條現況，乃是龐大國家機制影響的結果，由於在國家力量與資本力量衝撞的過程中，國家落敗服膺於資本的運作機制，導致國家成為壟

斷資本主義的工具性存在，最終導致了臺灣農業的蕭條。其三在於國家職能商品化，當前國家所發揮的功能早已不再是所謂「長治久安」的目的，在雙重再分配的結構下，臺灣的國家角色實實在在地反映了壟斷資本的力量，至少在農業部門已經完成了其功能滲透與配置，且有關的調整還在不斷地進行。因此臺灣的農業不斷進行轉軌，國家農業部門的資源，從早期對小農的科研支持、產銷合作、金融輔導，如今轉向主張規模化生產、倡導旗艦產業。過往臺灣的農業研究服務具有一定程度的公共性，農民可以免費取得研究成果從事生產，然而近來越來越多新品種研究成果，農民必須付費購買。此外，臺灣過去相當著重的產銷班合作及農業技術傳佈，現在也已式微，反而投入更多資源在農業設施的建置及單一經營體農業規模的擴張。

其四在於持續進行中的計劃性農業資源轉移。首先是水資源的彈撥，以雲林麥寮的六輕為例，由於石油煉鐵的化工廠需要耗費相當多的水，因此臺灣政府在中部濁水溪上游興建了集集攔河堰，並建置了一百多公里的專管，從源頭飲水供六輕使用，甚至幫企業攤提用水的成本，如水利局每年為台塑支付 22 億的水費予水利會。從農業部門的觀點來看，水資源從源頭直接被攔截，下游彰雲農業生產地區的農民就面臨無水灌溉，從而引發了「供一休七」、「供二休五」、「供四停六」的狀況，對農業生產的穩定性造成十分嚴重的破壞。土地資源的轉移則是另一個課題，近年來臺灣爆發多起聲勢浩大的反圈地運動，主因就在於許多大面積的科學園區或都市計畫開發轉移農地資源，特別是針對優良農地的轉移。

最後則是對於農耕意義的扭曲。所謂「農」，目的在於生產糧食作物，維持社會供給，然而當前農政單位對於「農」的想像卻是後花園式的、觀光化的農業政策。農業之所以有潛力作為觀光產業，是由於存在著生產性的產業作為基礎，例如北海道的牧草原是以畜牧業作為基礎，而法國普羅旺斯的花海是以植物香精、化妝品等產業為基礎，觀光化的前提，在於有生產性的產業作為後盾，而非農業的本質就是觀光性的。

　　面對當前臺灣農業結構的問題，除了就公共資源的分配積極介入政策的辯論外，還必須著力建立與消費者溝通之橋樑。農業的蕭條首當其衝的固然是農民，但長期而言，消費者也會反受其害，因此生產與消費之間的聯結是一個不容忽視的課題。為此必須著力於社會的垂直整合，亦即改變過去農業只重生產的思維，透過一些中介的機制，如地產地銷、社區支持型農業、友善農耕等作為，藉由有理念的通路商與龐大的消費者產生連結，或採取消費者直接購買等形式，諸如此類的社會性垂直整合，而非透過國家的垂直整合或資本的垂直整合，前者如國營農企業臺糖，後者如臺灣的畜牧業、飼料業等。建構社會性的垂直整合，擴大消費者對於農業、對於綠色消費的理解，是臺灣未來應該努力的方向。

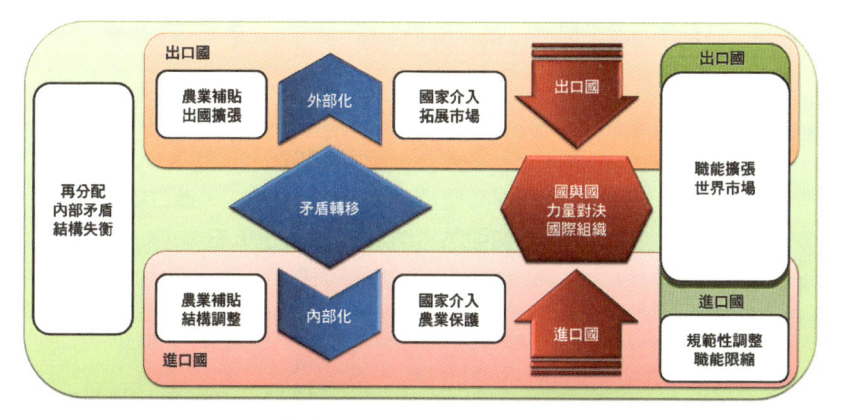

圖 5　農業進出口國再分配結構示意圖
（資料來源：蔡培慧 2009，頁 38，筆者再行整理繪製）

表 1　臺灣農業發展階段與農業政策概況表

年份	農業發展階段	國家政策目標	重要農業政策
1945-1952	戰後接收土地改革	充實軍糈民糧。增加糧食生產促進經濟發展。	1946 年實施田賦徵實 1949 年實施三七五減租 1950 年實施肥料換穀制度 1951 年實施公地放領
1953-1968	農業擴張以農養工（第一至第四期四年經建計畫）	促進糧食自足、擴展出口貿易。提高農民所得。支持工業發展提供原料。	1953 年實施耕者有其田。 1954 年實施隨賦徵購。 1961 年創辦統一農貸。 1968 年肥料換穀達 46 萬公頓，占政府糧源 63%。

年份	農業發展階段	國家政策目標	重要農業政策
1969-1981	保價收購 提高農民所得	增加農業利潤，提高農民所得。加強農業生產，提高運銷效率。加強防災防洪，合理水土資源。	1969年公布農業政策檢討綱要。1970年制定「大宗物資進口辦法」，進口雜糧。1970年日本停止進口食米。1971年縮減稻作面積，推動轉作。1972年加強農村建設九大措施。1973年制定《農業發展條例》。1973年廢除肥料換穀。1974年設置糧食平準基金。1974年實施稻米保價收購制度。1974-79年推行加強農村建設。1980年省政府完成農地重劃五年計畫。1980-82年提高農民所得加強農村建設。1980年推行第二階段農地改革。1980年推行共同、委託及合作經營，擴大農場經營規模。

年份	農業發展階段	國家政策目標	重要農業政策
1982-1991	農業結構調整 （1990年向GATT提出入關申請）	提高農民所得，縮短農民與非農民的差距。 維持農業適度成長，確保糧食安全。 改善農村環境，增進農民福利。	1983-1985年推行加強基層建設，提高農民所得方案。 1984年簽訂「中美食米外銷協定」。 1984年第一期稻米生產及轉作計畫。 1986-1991年改善農業結構提高農民所得。 1987年停徵田賦。 1987年准許大陸農工原料間接進口。 1988年開放大宗穀物進口。 1988年開放美國火雞肉、水果進口。 1990年推行第二期稻米生產及稻田轉作六年計畫（延至1997年6月）。 1990全面辦理農保。

年份	農業發展階段	國家政策目標	重要農業政策
1992-2007	農業自由化第一階段 （1992實施國家建設六年計畫） （2002年臺灣正式加入WTO）	調整產業結構，提昇臺灣農產品市場競爭力。 改善農村生活品質，增進農民福利。 維護生態環境，確保農業資源永續利用。	1991-1997年推行農業綜合調整方案。 1992-1997年降低農業產銷成本計畫。 1994年關貿總協農業之因應對策。 1995年發布《農業政策白皮書》。 1995年推行農地釋出方案。 1997-2000年實施水旱田利用調整計畫。 1998年2月中美完成臺灣WTO入會諮商，稻米進口採日本模式協議。 2000修正《農業發展條例》開放農地買賣。 2001年實施水旱田利用調整後續計畫。 2002農產受進口損害救助基金1000億。 2003年稻米進口改採「關稅配額」方式。

表格來源：蔡培慧，2009，頁42。
資料來源：《臺灣銀行季刊》之經濟日誌，臺灣銀行經研室（1949-2005）、行政院農業委員會（1995）。

表 2　臺灣農業生產和貿易統計（1950-2005）

	1945-1952#	1953-1968	1969-1981	1982-1991	1992-2001	2002-2005
農業生產（%）*						
占國民生產毛額	32.07	23.76	9.65	5.10	2.66	1.71
總生產指數**	23.44	27.06	53.83	84.92	103.68	109.78
農作物生產指數	55.20	63.22	100.68	114.13	105.09	105.50
畜產生產指數	6.31	7.90	21.25	51.16	94.75	98.13
農業成長率***	11.21	6.0	2.2	1.7	-0.4	-4.1
農業貿易（百萬美元）						
出口（當期）	111.23	2838.58	15919.10	31325.37	40546.85	13529.79
出口（年平均）	111.23	177.41	1224.55	3132.54	4054.69	3382.45
進口（當期）	60.10	1738.38	19692.91	47417.25	83087.10	33152.04
進口（年平均）	60.10	108.65	1514.84	4741.73	8308.71	8288.01
順差	51.14	1100.20	-3773.81	-16091.88	-42540.25	-19622.25
順差（年平均）	51.14	68.76	-290.29	-1609.19	-4254.03	-4905.56
農產品出口占總出口比率（%）	95.5	60.64	14.25	6.63	3.65	2.12

| 農產品進口占總進口比率（%） | 32.1 | 28.65 | 18.47 | 13.17 | 8.17 | 5.63 |

#1945 年至 1952 年適值戰後接收及國府遷臺，各項資料闕如，此列 1952 年資料。
* 農業生產統計包含農業、林業及漁業。
** 基期為 2001 年，該年指數為 100。各期間以起始年為比較點。
*** 農業成長率 2001 年為物價基礎之實質成長率。1953-1968 年，因資料限制，為 1961 年自 1968 年之成長率。（行政院主計處 2008）

表格來源：蔡培慧，2009，頁 45。

資料來源：行政院農業委員會（2007a）《農業統計年報》；行政院農業委員會（2007b）《農業統計要覽》；行政院主計處（2008）《國民所得統計摘要》。

第 4 章
美濃農會的社會經濟實踐

　　談起美濃，早期多數人想像的多是客家原鄉或是契作菸農，然而，近年來只要走近田野，親近土地拔蘿蔔採蕃茄的朋友，心中或許浮現美濃如同田野教室，不管是身體勞動、保種與研發和其他田間實驗，農民組織到農政單位提供的基層金融、在地經濟和計畫經濟政策佈達，都可以在美濃觀察到。美濃的農業發展經驗，毫無疑問是國家權力主導之計畫經濟，緩緩轉向以開展社會權力，且奠基在具有地方特色的農業勞動生力軍的社會經濟。在國家中介與社會集體的行動之中，以農民為主體，權衡生產資源的調配與資本市場的邏輯，無疑是草根集體力量的展現。

　　在此將以簡短的篇幅描述美濃早期契作菸農的處境與轉變過程，探討加入 WTO 後臺灣菸酒公賣局轉型為商業經營公司對於農民的影響；接續以具有半公共化社會服務功能的美濃農會為主軸，看看農會近年如何主導契作菸農轉型、協助輔導果菜農組織產銷班、發展農業生產專區，建立美濃農產品品牌，強化產銷與拍賣市場的連結。農會在此過程中與地方社會力量（NGO／非政府、

NPO／非營利組織），緊密合作同時創造／轉導農民第二代、新進農民，並鼓勵中壯年青年返鄉，擴大在地的就業機會。

最後從社會性的角度看待美濃農會在地方經濟發展中的角色，過程中凸顯農村文化展現，促成青年二代返鄉自主，並促進基層金融的社會力驅動的經濟行為，達成集體互惠經驗。

一、國家計畫經濟的解除與調適：美濃農民從契作到農產自主[1]

1980 年代中期以降，隨著國際分工角色的轉換，臺灣內部市場逐漸成為美國叩關的對象。臺灣與美國貿易談判在加入 WTO 前入會諮商[2]形成的開放市場、降低關稅、開放農產品進口、停止煙酒專賣等條件，直接影響了臺灣農業生產關係與交換結構的轉變，特別是契作農民——菸葉、釀酒用葡萄的農家受到直接的衝擊，由國

---

1 本章為行政院國家科學委員會專題研究計畫「從國家規約到市場機制：契作農家的生產與交換」（From state regulated to market mechanism: the production and exchange of contract farmers）（NSC 99-2410-H-128-001-MY2）之研究成果。誠摯感謝國科會支持及嚴謹的匿名學術審查。

2 指各國加入 WTO 之前的談判程序，通常由該國與主要貿易國家進行談判，議定各項貿易關稅條件、開放市場幅度、國內補貼項目。其內容再擴及其他國家，視實際情形而有所調整，且入會諮商的談判內容受到 WTO 各項協定所規範。臺灣主要入會諮商對象為美國，而臺灣農業貿易的開放幅度與內部農業政策的施行項目都受到 WTO〈農業協定〉各項規範左右。值得注意的是，臺灣雖於 2002 年方才正式加入 WTO，然於 1996-1998 談判過程先行開放市場，調整政策，自由貿易的影響早於加入 WTO 的時間。

家規約的契作模式，被迫投入市場機制。簡言之高雄美濃等地與臺灣公賣局契作的菸葉漸次取消，農民必需也可視為被迫轉作。

臺灣的農業生產從來無法獨立於世界局勢。當今農業產品的國際流通來到了始無前例的高峰，國際農糧體制與農業自由貿易雙重機制。以自由貿易之名而行國際資本積累的隱形機制被稱為「糧食戰爭」（Patel, 2009）。隨著農業貿易自由化而來的，不僅僅是有形的農產品流動，更有無形的制度變革，各個國家自主的農業政策在加入 WTO 過程中將受制於「農業協定」，內部農業政策進行全盤的規範性調整——降低補貼、市場導向、開放糧食市場。先進資本主義國家以自由貿易之名強行打開世界市場，而一國農業貿易的自由以另一國的不自由為代價（蔡培慧，2009）。此一現象改變農業生產結構，促使各國特別是小農國家，必需著手重整農業生產結構，臺灣 2016 年之後漸次轉型為糧食型生產與競爭型生產兩大類型，並保留一部分的生態友善（包含有機）生產。

隨著資本主義全球化擴大的農業貿易體制，突顯資本的強大力量橫掃臺灣內部消費市場，造成臺灣的糧食自給率降到 30.6% 的歷史低點（行政院農業委員會，2007a）。強大資本光影背後隱藏著勞動農民的幽嘆，以及國家糧食安全潰散的危機。1980 年代後期，大規模生產的農產品襲臺所造成的市場衝擊，在激昂的 520 農民運動之後，農民社群面臨著生存現實壓力，包括追求農業商品化、競爭市場價格等無奈的處境。此一壓力，形塑出多樣化的田間勞動，迫使豐美的勞動果實共同走向市場競爭的戰場。而菸酒契作農民正是此一進程的典型（詳參表 3）。

表 3　國家主導之美濃菸葉契作發展與農民轉型大事紀

年　度	事　件
1911 （明治 44 年）	日治時期，由臺灣總督府設置「臺灣專賣局」，專門從事臺灣地區菸草生產事業：試種、欽定、獎勵、推廣、發展等業務。
1936 （昭和 11 年）	各組合輔導聯合為一大團體，成立「臺灣省菸葉耕作組合聯合會」，辦理各組合業務，以收整齊劃一通力合作之效。
1937 （昭和 12 年）	日本人正式在屏東地區，里港之中和（土庫）、武洛等地栽培菸葉，同時引入美濃種植。
1945	戰後百廢待興，考量到日治時期菸酒公賣占臺灣財政收入比重甚高，為穩定稅收，遂繼續實施菸草專賣。
1946	光復之初法規尚未建立，私酒私菸充斥，臺灣省長官公署公佈「臺灣省專賣局查緝違反專賣法令物品辦法」，由專賣總局負責查緝。「臺灣省菸葉耕作組合聯合會」也在同年改組為「臺灣省菸葉耕種事業改進社」。
1947	專賣局緝私人員取締私菸販賣引發 228 事變。同年專賣局改制為公賣局。
1953	立法院通過「臺灣省內菸酒專賣暫行條例」並於同年頒布實施，至此菸酒專賣制度始具法源依據。
1969	臺灣菸作全盛期，種植面積有 11,952 公頃之多。
1973	戰後，菸葉種植面積逐年增加，1973 年為拓展外銷，持續增加種植面積。
1975	隨著燻菸技術的進步，傳統大阪式菸樓逐漸被電腦式烤菸機所取代。
1976	美濃菸葉種植面積最大的年度，高達 2,235 公頃。
1977	開始推廣高產品種，所需種植面積逐漸減少。

1981	臺菸外銷量漸漸走下坡。
1986	政府進行開放進口洋菸、洋酒之談判，八月開始進口美菸成品。
1987	政府開放洋菸進口，打破公賣局菸酒產品獨占國內市場的局面，國產菸製品受到重大打擊，連帶影響菸葉種植，公賣局開始無法消化收購的可觀菸葉，為控制菸葉產量，每公頃生產目標限為 2500 公斤。
1993	公賣局為減輕庫存壓力，裁減菸作許可面積，獎勵「廢耕」發給菸農每公頃 60 萬元的補償金。「停耕」則是照既訂菸價每公頃生產成本（約 40 萬 5 千元）的 15% 發放，每公頃 60800 元。
1994	關稅暨貿易總協定（GATT）在烏拉圭回合作出決定，臺灣政府申請加入 GATT。同年七月開始公賣局取消暫行條例。
1997	七月開始廢除菸酒公賣條例，公賣局改制成民營企業「臺灣菸酒公司」。
1999	美濃果樹產銷班第一班成立，該班時有 15 名投入木瓜生產。 至 2021 年計有七班（第一、六、九、十六、十七、十八、二十四班）109 位農民投入木瓜生產。
2000	公賣局發佈〈縮減省產菸葉種菸面積說帖〉，決定將全省種菸許可面積依照原有許可比例，縮減為 3000 公頃。同年 5 月 26 日美濃菸農北上公賣局抗議政府大幅縮減菸葉種植面積，且轉業補償金偏低。 菸農自救會於當天提出三項訴求：1. 政府應讓菸農耕作面積依照每年總面積的百分之十逐年下降；2. 對於菸農轉業補償金由目前每公頃 60 萬元提高到每公頃 150 萬元；3. 公賣局改制後，應依照菸農種植面積為比例，入股菸酒公賣局成為股東。

2001	菸農廢耕補助金由每公頃 60 萬元提高為每公頃 105 萬元。
2002	臺灣正式加入 WTO，為兌現入會承諾，廢除過去的專賣制度，實施五十餘年的菸酒專賣走入歷史，之後改採「契作」的方式運作，但逐年減量收購，讓菸農有調整和轉作的緩衝期。
2002	美濃農會申請「美濃米」商標，著手發展自營糧品牌米。
2002	美濃農會與高雄區農業改良場合作，契作良質米：台梗 2 號、高雄 145 號。
2004	財政部和菸酒公司決定 2005 年起減半收購菸葉，再以八折逐年遞減，2007 年後政府不再契作收購菸葉。
2005	美濃農會成立稻米產銷專業區。 建立契作模式：台梗 2 號品種契作起於 2005 年迄於 2012 年；高雄 145 號品種契作起於 2006 年，迄於 2013 年；高雄 147 號契作自 2012 年起至今（2024 年），持續契作中。根據統計資料 2022 年美濃農會只與農民契作高雄 147 號，契作面積為 392.6 公頃。2023 年契作面積 415 公頃。 美濃農會自 2008 年起，一期契作水稻，二期停止契作。
2005	「菸害防制法」的修法過程中，在「提高菸品健康捐用途」中加上「照顧菸農」等字樣，從初估 60 億的健康捐收入中提撥部分用於輔導菸農；隔年促行政院長蘇貞昌南下視察菸田，蘇院長允諾再繼續收購一年 2007~2008 年期。
2007	由於油價上漲，機器烘烤菸葉成本增加，今年契作菸葉每公斤平均單價 178.98 元，較去年提高 10 元。

2008		菸農在菸酒契作漸次取消之際，仍持續爭取延長保價收購，爭取第七年 2008~2009 年期菸葉保障收購。美濃菸農得以 1 公斤 205 元交給臺灣菸酒公司，並獲得 100 多公頃的配額；隔年讓原本每公頃限 2500 公斤的收購量增加到 2750 公斤。
2011		美濃米獲得高雄十大首選農產品特產第一名。
2012		美濃農會在高雄市政府經費支持下，著手申請，美濃成為首家取得高雄 147 品種權的地區。
2013		臺灣菸酒公司逐年減少菸葉種植面積，今年又繼續減少百分之三產量。臺灣目前約有 700 公頃菸田（美濃種植面積約 200 公頃），全臺共減 21 公頃。
2013		為協助菸農轉作其他作物，農糧署利用「菸品健康捐」收入推出「輔導菸農轉作」計畫，只要農民願意報名，每分農地可獲得 60 至 70 萬元不等的等值補助；菸農表示，只要菸葉面積少於 2 分農地，種菸收入不高，考量申請轉作。
2014		美濃農會與美濃農村田野學會共同推動白玉蘿蔔季。美濃農會持續推動白玉蘿蔔季至今。
2017		美濃農友黃偉宸獲得日本第 19 屆米、食分析鑑定國際競賽「特別優秀賞」。日本海內外 5,551 人參賽，包括臺灣 20 人。黃偉宸以 168.8 分脫穎而出，創下歷屆海外最高分奪取，2017 年臺灣唯一得獎者。
2021		美濃農會高雄 147 米榮獲國際風味暨品質評鑑（iTQi）三星獎。

＃ 1：表格標示為灰色為農民面對菸葉契作取消過程中，農民與農會的自主轉作措施。

＃ 2：資料來源：《美濃月光山雜誌》（1985-1997，2001-2014）、《中國時報》（1998-2014）相關新聞、《聯合報》1998-2014 相關新聞、《自由時報》1998-2014 相關新聞、洪馨蘭（2010）、美濃農會幹部訪談。美濃農會（2023、2024），本研究製表。

面對國家計畫經濟的解除，大量菸酒契作農往往面對著類似的困境：除了作物重新選擇、農藝學習與田間管理之外，接續面臨著務農與否的根本選擇，以及持續務農必需為自己的農產品尋找出路，受制於農耕的自然規律與農產品交換的人為控制。更為深刻的，必需重新確立身為一個農民的社會座標，從一個國家規約的交換模式轉身投入市場機制的交換模式，所面臨的並不僅僅是拿東西去市場「賣」這個環節，還意味著他所處的社會位置的轉變：過去閒來無事，農友聊天交換意見，或者偶而到農會走動的餘暇，成了打探此季或下季農產出路的窗口；過去單一作物、單項品種的耕作，轉化為蔬菜、果樹不同品項、不同栽培的田間農藝考驗。農業結構改變，容或遙遠，每天每日的田間勞動與價格波動卻是如此實在的迎面而來。

　　再者，則為農民生產關係的改變，特別著重於農業耕作的選擇，以及勞動關係的重組。農業耕作選擇的原因究竟為何？至於擴大雇傭勞動，抑或是極大化家庭勞動力的使用強度；以及雇傭關係的改變之後，隨之連動的階級類屬，這些議題仍是農民研究者最大的論辯焦點。百年以來「列寧與恰亞諾夫的辯論（Lenin-Chayanov debate）」仍然是一場有力而難解的爭論（Shanin， 1982）。然而臺灣（以及同屬東亞地區的日本、韓國），在這個世界範圍的類屬上，有著極為不同的特殊性，在資本主義全球化結構的市場機制中，小規模土地及自家勞動力生產的家庭農場制度並未瓦解，反而以商品化生產及勞動（分工）彈性化而兀立。就此，回到農業勞動過程、生產關係與交換型態加以觀察，方能探此一特殊性的緣由。

柯志明的研究說明1980年代後期「除了糧食作物以外，市場作物也納入家戶式生產方式，後者此類以家庭為單位的小商品生產，透過市場機制迫使小農以勞力更密集，家庭勞動更投入的自我剝削以供應廉價農產品。（柯志明與翁仕杰，1993）」他們為了仔細探究農民分化的內涵以雇傭關係（雇工、包工）與市場制約（國家規約、市場機制）加以區分。從生產組織及生產模式的連結切入，指出「包工」是資本主義生產的一種勞動組織形式，有利於以家庭勞動力為核心的勞動安排與擴展。農業生產勞動彈性化的模式是農家面對市場關係的調適與回應，同時也是農村社會集體勞動模式的革新，此一模式意味著農村的勞動交換，並非如資本主義生產關係中的雇傭勞動，但也不再是農忙時期基於社會連帶的換工互助。

然而臺灣的農耕結構有其極為複雜的組合型態。稻作農家、蔗作農家、果樹農家及畜牧農家的差別，不只是外顯的耕作類別，其育種與施作中包工包青[3]、機械代耕、政策收購與否，都呈顯著獨特的面貌。以致於當前的農民研究，再也無法透過單一村落的研究，探詢農民的屬性，必需就不同農作類別著手。況且勞動雇傭結構向為資本主義生產關係中的基礎分析，面對國家計畫經濟中的菸葉農的勞動力來源非常仰賴家庭勞動力與鄰里間的交換──交工（客語），顯然在國家計畫經濟轉向資本主義市場導向的過程中，隱藏著農民廣泛社會基礎的支持。

3　包工包青指農產品的收成方式，包工指整個收成工作委託給農事工作團隊；包青指農作物種之後的照顧、收成及銷售階段都委託給農事工作團隊。包工包青的型態有所地域差別。

透過美濃菸葉農民的轉變，旨在探究新自由主義農業貿易自由化如何影響臺灣農民的生產關係，因此研究對象為契作農家及美濃農民——從計畫經濟體制解除而轉為農業貿易自由化的制約——探討其農業耕作的選擇、生產關係的轉變；在農民社群之外，是否存在著國家機制、資本導向、社會權力的運作？美濃所形成的經濟型態具備的特徵為何？

　　之所以高雄美濃為研究區域，主要原因為此地是日治以來到國民政府延續契作農業實施的地方。高雄美濃向來為臺灣種植菸葉面積最大的鄉鎮，多年來占全臺契作面積的 20%，受影響的契作農家戶數也最高。美濃菸業雖發展於清朝時期，一直到了 1905 年日本殖民政權推動煙草專賣才大規模種植。菸葉為特用作物，菸葉契作在臺灣菸酒公賣局的專賣掌握中，從品種、耕作、烘乾、菸絲到製菸，及至於壟斷收益為國家所有。從生產、加工、製造到銷售都受到國家的全面控制，此一機制的運作可說是國家計畫經濟的典範。不過，正因為契作的國家支持，使得菸農維持穩定的收益與利潤。

　　然而，農業貿易自由化的腳步迫使臺灣開放市場，1987 年洋菸開放進口，這一來無疑阻斷菸農的生路，1993 年，公賣局縮減菸草種植面積，到 2013 年全臺菸草種植面積不過 703 公頃，相較於開放市場的 1987 年，銳減 8,367 公頃，影響最大的區域也是美濃。美濃菸葉種植面積 1976 年達到最高峰的 2,235 公頃，持續下滑至 1995 年的 1,152 公頃。（美濃鎮誌編撰委員會，1997）。

　　美濃的菸葉種植不僅僅帶來契作保障的收益，由於菸葉所要求的密集勞動力，連帶穩定了傳統大家庭結構。1960 年代曾經於

美濃進行田野研究的美國社會學者 Cohen（1976）指出，因為種植菸葉的高度勞動需求形成農家遲緩分家的現象。可見，生產關係中勞動型態連帶影響著社會關係。值得一提的是美濃當地的勞動互惠模式——交工（換工），除了夥房（大家庭成員）內部勞動力的協助外，在電腦焙乾尚未普遍的 1970 年代，交換工的範圍也擴及非親屬關係的勞動力，不過，隨著電腦焙乾的普及以及農村勞動力外移，1980 年代之後交換工情形限縮，慢慢轉型為倩工，雇用鄰近村里的農民，以及近年雇用移工。目前美濃菸葉種植為全面商品化的生產並且由農家獨自面對市場，且多數農民轉作農耕作物如白玉蘿蔔及少部分的新興作物如客家菜象徵的野生水蓮，或是有機農業。其勞動力來源與新住民及移工緊密相關。

當然，農民不可能只是被動的接受外在環境的波動，而是積極的在有限的條件下尋找出路。契作農民面對國家強勢的價格管制，契作歷經日治時期至 1986 年漸次停止，經數十年的互動，已發展多種結合地方政治勢力與面對供應的應對之道。收購價格成為年年角力的重心，菸農儘管有著地域性的差異，但是，透過地方政治力延續契作收購則是共同的目標。時至今日，契作收購制度已經終止，仍然有少數菸農在年年落日的隱憂下，爭取著臺灣菸酒公司的收購，以延續國家規約的交換的型態。但是，大多數的契作農家選擇轉作，農耕作物的選擇扣連著市場的需求，尤其是 2002 年臺灣加入 WTO 之後，農產品進口的壓力，促使農業生產更加彈性的回應市場的需要，例如高雄美濃新興的野蓮（一種水生植物，近年成為美濃客家菜的象徵，稱為水蓮）、各種各樣蔬菜、雜糧及優質

米……等等為轉作開啟另一扇窗。

　　所謂的市場交換，就都市消費者的習慣，大概就意味著貨幣交換吧。在農村生活中，農作物容或商品化，但是農民多少在少數畸零地維持日常生活的農耕生產，因此親友鄰里之間的物物相贈頻繁，除此之外，即使是「商品化作物」的交換，通常也會基於社會連帶，一部分經由農會至果菜市場、一部分經由行口（商販）多層次銷售，甚至也有不少農民與特定的商家熟識，直接配送至店家。小農交換的社會基礎看似平凡，某種程度也是農村廣大的社會連結、家庭網絡的互惠延續。以上運作呈現於圖 6 的個體層次。

　　本章從國家經濟發展受制新自由主義路線，自 1980 年代開放市場，當臺灣受制外部結構去管制化開放市場，透過菸酒進口、原料進口、專賣取消等政策，反向形成臺灣內部農業生產國家規約鬆動，市場機制形成。當洋菸洋酒開放同時漸次調降契作面積，農民必需在有限的時間與資源中找到最妥適的轉作機制，或透過社會集體回應策略採抗爭轉型協力。從美濃經驗可看到菸農與菸葉改進社採抗爭及談判方式，持續要求國家延長契作年限。農民自主或組產銷合作社或參與美濃農會進行農作物轉型與行銷，過往或許選擇一期稻作搭配冬季裡作為契作菸農；菸葉契作終止後，則改為一期稻作，冬季裡作雜糧或蔬果。這種輪作搭配若能帶來穩定收益，生產者通常願意專心擔任專業農；若收益無法滿足生計，生產者則需工農兼顧，例如增加農事體驗或商品化交換來維持生計，或在農閒時另外打工補貼。這反映出農民或農家為維持生計往往需要自主整合生產資源，是以凸顯多元社會力量支持的交換模式對農民的重要

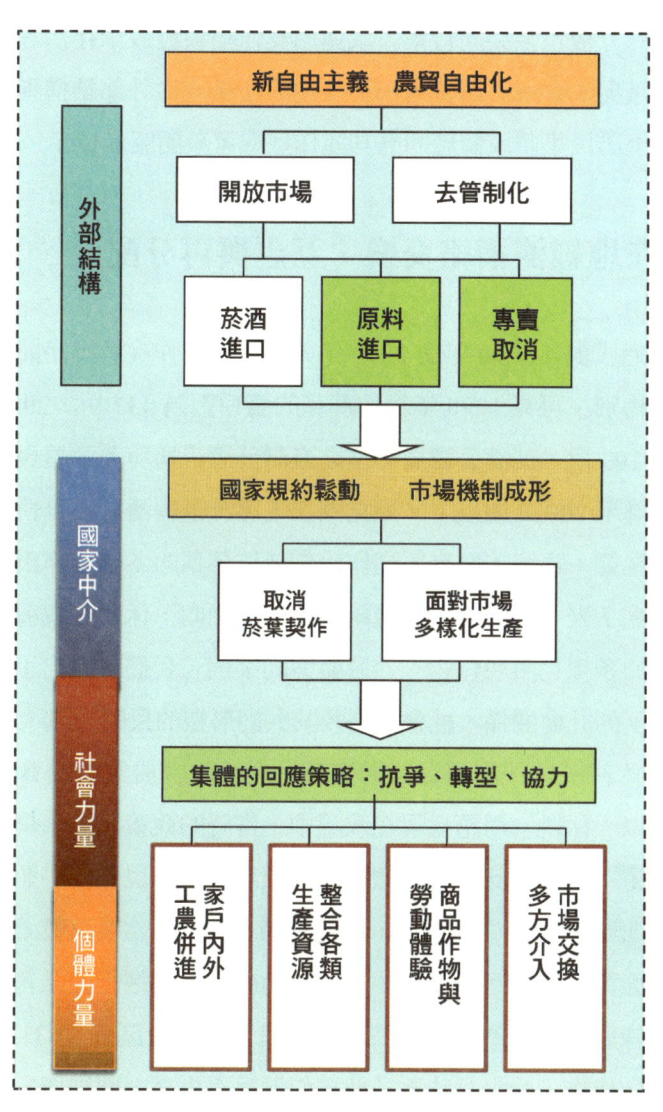

第 4 章 美濃農會的社會經濟實踐 99

圖 6 國家中介與社會集體之間的權衡以美濃地區為例
（筆者自行研究繪製）

性，舉凡分級包裝共同行銷，或運用契作稻穀發放米存摺等種種方法，都是促成農民與消費者市場交換的連結。從外部結構到國家層次，及至農民集體或個體回應其運作型態可參閱圖 6 標示。

二、在地經濟網絡交換、互惠與再分配

透過「表 4-1990 年與 2010 年美濃地區耕作次數排序前二十之農耕作物別」可見 1990 年耕作菸草的農戶數為 437 戶，2010 年農戶數為 103 戶，菸酒公賣局轉型之臺灣菸酒公司與美濃農民契作面積也已降至 200 公頃以下，顯見國家主導計畫經濟之菸草耕作已逐漸步入尾聲。那麼，原來與稻作輪作種植菸葉的冬季裡作出現了什麼變化呢？表中顯示大致出現兩個不同的軸向，休耕，或種植以蔬菜為主的多樣化農耕作物。透過轉型的案例，我們可看出小農（家庭農場）的社會關係、社會網絡及其共同形塑的民間力量。

「休耕」這一詞是民間的慣稱，在行政院農業委員會的主導中並未以「休耕」用語呈現在政策中，當時的政策以「水旱田調整利用計畫」稱之。此計畫持續以國家預算要求農民休耕，並且臺灣 2002 年正式加入 WTO 之後，被迫進口 144,700 公噸稻穀，因而擴大休耕面積以為因應。申請休耕補貼的農家，要進行油菜花、波斯菊等「綠肥作物」的耕作，表中數字呈現美濃地區有 3,531 農戶數耕作綠肥作物，此也意味著多數稻作農戶不再是一期稻作、二期稻作的輪番耕作，而是一期稻作一期休耕。

以蔬菜為主的多樣化冬季裡作地景是什麼樣子呢？仔細比較

1990及2010年的農耕作物別，可見1990年以耕種農戶次數排序，第三到第十的農耕作物分別為「毛豆」、「菸草」、「香蕉」、「可可椰子」、「裡作大豆」、「檳榔」、「番石榴」、「山葵」、「茄子」，到了2010年的農耕作排序中，仍有四樣保留在排序內，分別為「檳榔」、「香蕉」、「番石榴」、「可可椰子」。至於「毛豆」目前皆為大規模機械化耕作，耕作面積仍傾向企業經營。「裡作大豆」則是在雜糧作物依照進口的現實中，臺灣種植面積逐年銳減。從2010年的農耕作物則可看出農民種植的多樣化，從「紅豆」、「柑桔」、「蘿蔔」、「番茄」、「芒果」、「番椒」、「地瓜葉」、「食用玉米」、「胡瓜」、「甘藍」等，其中亦可見其農戶數介於五百多位至上百位之間（表5）。

休耕看來是在高齡化及國家計畫經濟停頓中農民不得不的選擇，農耕作物仰賴國家資源休耕補貼，某種程度也限縮農業生產資源（土地）的運用。至於多樣化的農耕作物大致上透過農會協力的果菜市場運銷、商販收購、網路行銷而與消費者連結。品種的選擇、耕作的小型機械操作、肥料的運用則有賴農民之間的農事（農技農知）分享與農會的品種建議、技術指導。

表4　1990年與2010年美濃地區耕作次數排序前二十之作物別

1990	次（農戶）數	2010	次（農戶）數
一期稻作	2361	稻作	3155
二期稻作	2458	綠肥作物	3531
毛豆	1343	檳榔	763
菸草	437	香蕉	597
香蕉	393	紅豆	576
可可椰子	158	番石榴	386
裡作大豆	149	長豇豆	252
檳榔	132	木瓜	213
番石榴	72	可可椰子	204
山葵	37	其他蔬菜	188
茄子	37	柑桔類	183
木瓜	36	蘿蔔	177
番椒	33	番茄	163
紅豆	30	芒果	163
其他蔬菜	27	番椒	158
食用玉米	26	地瓜葉	154
胡瓜	24	食用玉米	143
柑桔類	23	胡瓜	136
芒果	22	甘藍	104
荔枝	19	菸草	103

資料來源：行政院主計總處1990年農林漁牧業普查、2010年農林漁牧業普查之原始資料。

備　註：
1. 本表依美濃地區農林漁牧業普查原始資料之農耕作物次數重新製表。
2. 行政院主計總處2000年農林漁牧業普查，因1999年921地震之緣故，農林漁牧業普查項目較1990、2010年簡化，因此無法進行農耕作物耕作次數（農戶數）之比較。

表5　1990年與2010年美濃地區農民人數年齡別

普查年份	1990		2010	
年齡別	人數	百分比	人數	百分比
15～24歲	14	0.21	1	0.02
25～34歲	276	4.29	39	0.76
35～44歲	924	14.36	250	4.90
45～54歲	2067	32.13	817	16.01
55～64歲	2115	32.88	1250	24.49
65歲以上	1037	16.12	2747	53.82
總計	6433	100.00	5104	100.00

資料來源：行政院主計總處1990年農林漁牧業普查、2010年農林漁牧業普查之原始資料。

備　　註：本表依美濃地區農林漁牧業普查原始資料之農業人口年齡重新製表。

　　美濃地區農戶主要農事指揮者的年齡別，從農林漁牧業普查資料可以看出農民高齡化的傾向，1990年的調查顯示，當時農事指揮者的年齡集中在45-54歲（32.13%）及55-64歲（32.88%）之間。但是到了2010年農事指揮者的年齡集中65歲以上（53.82%），接著則是55-64歲（24.49%）之間（表5）。此一普查資料反應農民高齡化的問題，此一高齡化的關鍵在於政府並未妥善處理農業生產隊伍之更新或繼替。1990年代之後，臺灣政府主張新自由主義市場開放，農業政策從計畫生產調整為市場導向，農業部門朝向農業自由化政策，在畜牧業優先資本化，在糧食生產的雜糧部分

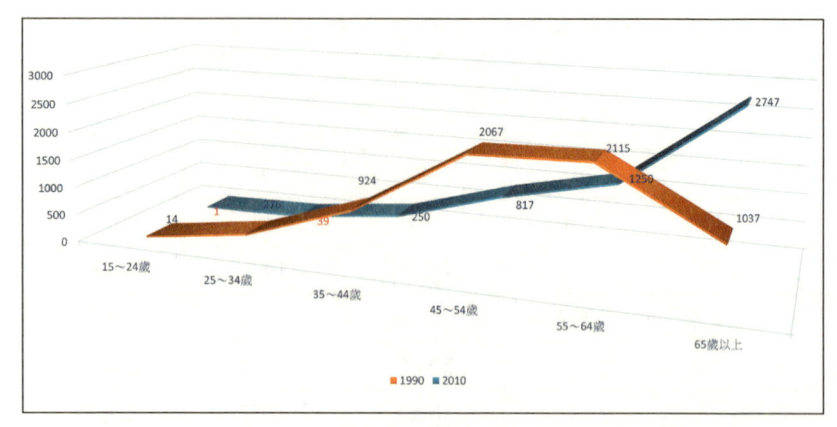

圖 7　1990 年與 2010 年美濃地區農民人數年齡別比較圖
資料來源：行政院主計總處 1990 年農林漁牧業普查、2010 年農林漁牧業普查之原始資料。
備　　註：本表依美濃地區農林漁牧業普查原始資料之農業人口年齡重新製表，筆者整理繪製。

（黃豆小麥玉料）則是以進口替代、停止雜糧保價收購和雜項生產，依賴進口農產品。在此情形下農業生產並未因臺灣經濟上揚與飲食多樣化而擴展交換網絡與市場規模，反而因資本掌握雜糧進口及畜牧生產，造成臺灣農業部門所生產、供應的消費市場、產品內容限縮，或被進口農產品打擊。在此情形下，農業經濟的變數凌駕農民經驗，是以容或人在鄉村身居土地成長鄉村，多未投入農業。

1985 年臺灣開放洋菸洋酒進口，1990 年之後臺灣菸酒公賣局（以下簡稱公賣局）推出多樣策略協助菸農轉型。初期建議農民將秋菸轉型春菸，或是建議發展香草種植。2002 年正式加入 WTO 之後，臺灣菸酒公賣局走入歷史，轉型為商業經營的公司，同時銳減

菸葉契作面積。那時美濃鎮上有二股力量協助農民轉型,其一為地方公民組織旗美社區大學開設有機農業耕作課程,推動有機耕作。美濃農會則投入優質稻米的經營以及強化裡作收益的規劃。在稻米方面,從高雄 145 號到高雄 147 號不斷嘗試最佳良質米品種選擇,這是由高雄農改場依據最適當地氣候環境改良之後的在地品種,同時也推展在地品牌「美濃米」,最後擇定單一品種高雄 147 號,並發展美濃米品牌建立多元行銷模式。然而稻米品質提升加上行銷推動,仍然難以彌補菸葉契作瓦解之後農民收益無法為繼的情況,是以冬季裡作的轉型是確保專業農民收益的絕佳選項。2006 年,美濃農會與地方社團的合作下,開始嘗試推動「白玉蘿蔔」。主要是因為這種作物生長期短、勞動門檻較低、具地域銷售特質、醃漬加工等多方面因素,適合作為耕作菸葉和稻米一輩子的老農轉型投入。而「白玉蘿蔔」的命名也巧妙地延續了地方文化伯公的信仰,讓農村肌理得以在食物間傳遞。

接下來筆者將進一步從不同的案例和角度,探討在地經濟的實際運作達成交換、互惠與再分配模式,包括菸葉改進社在菸葉收購時期的功能、菸葉專賣收購退場後美濃農會與地方組織如何為老農找到轉型的出路,以及美濃農會在近期面對國家和市場的競爭,從生產到銷售投入的各項實踐,以維持地方的農業發展和文化。最後是返鄉青年農民的案例,青年帶著新的思維、科技能力,如何形成新世代的網絡組織,但同時也能在農會獲得必要的資源和支援,成為地方經濟和社會基礎的進步力量。

（一）從專賣到市場——菸葉改進社、美濃農會的競合

事實上，菸農在意的並非利潤，而是契作的穩定，美濃農民受訪之際，花了許多時間比較菸葉與其他農作物的差別，以及近年燃料、工資、機械租用、肥料、農藥等各項物價上漲，農民的經營困難重重。曾先生認為「種菸相對比較好賺，當你拿到許可，叫做續作，你有一公頃的話，種菸的目標定在那邊，只要你努力的話，就大概可以有幾十萬。但其他農作物沒有喔，像香蕉曾經標到最好的時候，一公頃賣將近 150 萬，最差的話有人一公頃賣三萬多左右。菸跟其他作物的差別就是：一個穩定。美濃的人種菸是其實不是賺很多，並非暴利，相對於其他作物的差別，是在一個穩定。」（曾先生訪談，2014 [4]）

過去種植菸葉，只要菸酒公賣局許可，種子由農民自行育苗，肥料來自公賣局。詢問農民種菸過程最困難的部分是找不到工人或是技術問題？

> 就是想辦法怎麼把菸種好，就是這樣。尤其是技術，有人烤菸，一般菸農是沒有講究，就是說那個溫度計顯示 30 度。烤菸，……把機器把那個溫度操作對，技術問題，……如果烤菸沒有烤好，太熱就燒掉，所以說，要努力的很多，不是那麼簡單，種子播下去，苗長出來，那中間天氣不好，下雨，你要怎

4　訪問美濃農民。受訪者不具名，過去為菸農，現在種稻及紅豆及一期稻作。

麼處理⋯⋯不是三天兩天就學得會，一般人三年五年不可能學得會（曾先生訪談，2014）。

關於菸農的經驗與政府機制、國家權力的運作，包括基層金融的支持，則是：

到後面就是我忘記是從幾年開始了，公賣局錢借給你，不叫作借，叫作「預付菸款」，像政府今年要種菸，今年度要多少菸要多少錢來買這個菸，都要政府先編預算在省政府公賣局，把錢再編好之後，匯到公賣局的戶頭裡面，一直要等到明年三月份開始買菸，他們才會動用這筆錢，後來就是有一些立法委員、省議員，告訴他們：那錢放在那，臺灣銀行也不算利息，菸農要成本、要請人，那就把那些錢預付給菸農，叫作「預付菸款」，把錢先給你，其實這樣是借，因為那個錢都沒有利息，最早有利息，後來都沒有利息。本來好像剛開始兩萬裡面有一萬要利息，一萬不用，後來議員跟公賣局說：錢放那邊銀行不給你利息，但是現在卻跟農民收利息，就是說要賺利息，公賣局沒理，就說反正是政府的錢，現在給跟以後給一樣（朱先生訪談[5]，2014）。

5　美濃農民。此受訪者不具名，過去為菸農，2014種植檸檬，收成好，已擴大種植面積。

菸農與公賣局之間的連結,並非只有「預付菸款」,還有許多值得探究的運作細節。

> 所以種菸的跟公賣局有很多很多特殊的關係;後面幾年都是這樣,有些人不用這個錢的話,他也給阿,大家蓋章錢就領了,有人先拿去存利息。比如說我自己還有錢去付那些成本的話,可是那要預付阿,如果先給我只有我不要的話,他們工作人員也很麻煩,錢拿去一視同仁,拿去怎麼用都不管,政府好辦事就好,那裡面也是滿多滿好玩的東西(朱先生訪談,2014)。

「滿多好玩的東西」這句話相當值得玩味,看似單純的預付菸款,如何連結菸農與公賣局的關係?菸農關心什麼?如何順應國家政策變動的同時,找到個人的生存之道?此外,進一步探究地方上具有公權力性質的相關角色,除了菸酒公賣局,當時主導兩期稻作的美濃農會,以及協助菸農的菸葉改進社[6]又扮演何種角色?國家權力的運作透過不同的機構和管道,交織錯疊地主導了基層農民的農作。

過去在美濃,新進的地方政治參與者通常會以菸葉改進社社長、農會總幹事、鎮長三種職位為主要的參與目標,而其中菸葉

---

[6] 「菸葉改進社」半公共化的農事服務組織,為管理及收繳菸草的場所。當菸酒專賣局與農契作收成之際,臺灣菸酒專賣局向菸農收購、鑑價及購買後暫時儲存於菸葉改進社。

改進社及農會通常是競爭者的優先選項（溫仲良[7]訪談，2014）。這個現況可反映此兩職務在地方的權力掌控，以及對農民的影響之重，因為這兩項工作都涉及國家專賣制度的生產管控與價格評等，以及契作過程。

美濃菸葉當年的收購價由公賣局和菸葉改進社共同談判決定，按照菸葉燻烤調理的品質分級定價。個別農民的收益則是需於燻烤之後，將調理包裝好的菸葉於指定時間送到菸葉輔導站，由公賣局專員與菸葉改進社社長共同評等，評等之後列出個別農民的收購價，再由菸廠把菸葉打包送上運送車。美濃地區菸葉主要送往屏東的內埔菸廠進行後製。最後是就農民所繳交的菸葉收購價開立單據，此一單據的金額就會直接匯入農民在農會的戶頭。

除了菸葉的管控之外，美濃早期生產最多的仍是稻作，當時主要管控為臺灣省糧食局（現為農糧署）。美濃地區的農作除了少數檳榔，其他大致都在國家計畫經濟之中。兩期稻作為糧食局掌握、冬季裡作的菸葉被公賣局管控，此一部分多少形成美濃農民的產業生計，更甚者在做任何決定時，都與國家政策息息相關，更必須納入國家政策的考量。在臺灣正式加入 WTO 後，菸葉專賣被取消、種稻被強制要求休耕，換句話說，長期考量國家政策、依從計畫經濟，農民只要把東西種好的現實完全改變。農民必須重新思考個人如何整合生產資源、商品化作物與勞動安排，或結合休閒觀光規畫適當體驗。農民在生產之外得拿捏家戶內外的工農併進，並且在目

---

7 溫仲良先生為美濃農村田野學會理事，協助農民與農會諸多農事。

前的經濟型態想辦法進行市場交換的多方介入。

　　彼時，菸葉改進社連結臺灣菸酒公賣局與農民，美濃農會連結菸葉之外的農作物產銷與農民。但兩者最大的差異在於，美濃農會擁有信用部，信用部是地方金融核心。簡單來講，農民若要從菸葉轉作的資金借貸，來源是農會；若是農民想要轉作農作物、適地適種，尋求更多耕作訊息，來源就是農會推廣部。嚴格來說，國家漸次停止菸葉契作，鼓勵轉作，自然而然從計畫經濟轉向市場經濟，菸葉協進社與美濃農會在彼此的分工與競合上並沒有衝突，而是在國家主導的轉型過程中，經歷十數年的歷程，美濃農會的功能日益被凸顯。接下來本章節將把焦點轉向農會的行動。

（二）冬季裡作之白玉蘿蔔現身

美濃地區白玉蘿蔔興起，《商業周刊》報導：

過去，上繳菸葉扣除成本，利潤最高時曾是稻作收入的十倍，現在，不種菸的菸農，必須想辦法在農村謀生。……過去在田間不起眼的小蘿蔔，就這樣搖身一變成了同面積至少三萬元起跳、總產值暴增十倍的最夯經濟作物。算一算，如今白玉蘿蔔新鮮農產品、加工品年產值各達五千萬和八千萬元，帶動當地觀光效益產值則破兩億元，可說小兵立大功（萬年生，2014，頁 116、118）。

主流媒體聚焦於謀生與產值，在此生存議題之外，白玉蘿蔔是如何成為美濃地區農民種植與消費者勞動體驗的關鍵作物呢？

當菸葉無法繼續種植，美濃農民在冬季裡作期間如何選擇？[8] 這條產業軸線的重點在於關注老農的轉型。在臺灣加入WTO，整體農業逐漸走下坡的情形下，如何讓種了一輩子稻米和菸葉的老農選擇可替代的農耕作物？要在以往的經驗中找到合適品項，同時結合高齡化及適當的農耕技術，在當時的美濃內部被激烈討論[9]。高經濟果樹類因種植期長，技術、資本門檻高，市場風險也較大，一般由青中壯年農民種作，譬如木瓜。至於冬季裡作，蕃茄、紅豆、黃豆、敏豆、木瓜、地瓜在當時的美濃都逐一被考量討論。以雜糧類（黃豆）來說，大宗的國際期貨容易受到國際市場影響，且市場

8　經過田野訪調，以及與當地民間團體及美濃農會幹部討論所整理出的脈絡。基本上美濃民間團體當時在銜接菸葉保障契作即將解除後的農業推廣策略上，有兩條在地行動的軸線：一是探討如何讓菸葉可以在美濃繼續種植，這部分採取文化資產保存的方向，以產業特區的概念，將美濃規劃菸葉產業特區，保存臺灣在菸葉產業上的文化價值；每年耕作的菸田及菸樓，以產業地景的文化資產形式發展觀光文化，甚至租用臺灣菸酒公司內埔菸廠的生產線發展自有「美濃煙」的捲煙品牌。此一行動軸線主要與當時的菸葉改進社進行密集的討論與合作，也曾經與中央政府（財政部）大力爭取，並且透過日籍學者蒐集日本案例做為參考，希望延續種植美濃菸葉。另一條行動軸線則是假設菸葉確定無法延續，該如何尋找替代的作物銜接失落的產業？後來因發展自有品牌捲煙的資金、技術門檻都很高，一條捲煙生產線動輒投資上億，即使到公賣局談及內埔菸廠租用其中生產線仍然難以執行，加上臺灣禁煙的道德氛圍，因此選擇持續菸葉耕種的這條行動軸線，便逐漸的朝向另尋冬季裡作的產業這個方向作調整。

9　從訪談中得知當時美濃農會與社團對於發展老農安養耕作的討論情形。

的外在力量影響過大風險太高。

　　對於如何尋找新作物以替代菸葉的行動軸線上,歷經地方團體與農會的多次討論,呈現幾個原則:第一,必須好耕種好管理,適合已經種菸一輩子、年老體衰的老農需求;第二,替代的作物最好商品化程度不高,避免過度競爭甚至被資本攻擊[10]。同時此一品種最好來自在地的作物,具有傳統食材的常民蔬菜性質,在推廣上較為有利,也能彌補商品化程度不高的缺陷。

　　「白玉蘿蔔」,這個原被地方俗稱「小蘿蔔」的常民蔬菜,原先是農家自己種來吃或分享給家人鄰居,不被認為具有特殊性或經濟價值,便是在上述的條件下被推上歷史的舞臺。據原先規劃推廣核心人員的訪談得知,白玉蘿蔔的設計專為老農量身訂做,符合面臨菸葉沒落後的高齡化耕作與勞動需求。白玉蘿蔔從播種到管理的人力需求不高,唯獨在採收及運送較不方便。為克服採收期的難題,推廣規劃人員設計了讓外地觀光客來產地拔蘿蔔體驗的模式,讓消費者直接進入田裡體驗勞動,並自行從產地帶走蘿蔔,如此一來可讓老農省掉大部分採收的困難,也不用自己面對出貨到市場的不確定性。

10　據訪談得知,當時主要策劃的人員便意識到農業推廣有其內在的矛盾。過往臺灣的經驗,當推廣任何新的作物,消費者願意接受之際,便能出現市場需求,隨之代表有利可圖;但如此也代表可能吸引到投資客的進場,以資本主義邏輯擴大規模、並引進雇傭及機械化、擴大利潤導向的生產,讓剛推廣出現市場的作物馬上面臨量/價的攻擊(臺灣的蘭花產業即是一例),因此有農業推廣往往是「成功的那一天,便是代表失敗第一天」的類似說法。

這個推廣規劃的操作平臺就設置於農會推廣股：以輔導老農耕作、設計觀光客拔蘿蔔的套裝行程，並為地方俗稱的「小蘿蔔」取了一個新的名字，賦予故事性詮釋。

白玉蘿蔔的名字其實是土地龍神給的。

白玉蘿蔔命名的由來，是有一次在拜拜祭典的時候，客家夥房正廳裡面供桌下面會拜土地龍神，當時發現兩側有對聯寫著「土中生白玉，地上出黃金」。那時便觸發了聯想「……土中有白玉、土中白玉……」嗯，現在沒有綠油油菸田，變成是白色的蘿蔔，搭配「地上出黃金……」不就是金黃色的稻浪？這其實就是描寫美濃的農業地景嘛！……後來推廣的時候發現被外面的資本家拿去用了，所以我們這兩年便把名字給註冊了（溫仲良訪談，2014）。

從美濃農會與在地社團討論的經驗，可以看出國家權力主導菸酒專賣的計畫經濟，在面臨開放自由化讓資本權力主導的洋菸洋酒進口之後，過去以菸葉為主要收益來源的美濃農業或許將走向黃昏。然而在美濃農會與農業社會網絡的自主連結，以及民間團體的協力互惠運作之下，美濃農會成功地透過職能展現危機處置的能力，找到符合脈絡、滿足地方需求的應變之道，凸顯在地經濟的特質及運作。

（三）美濃米高雄 147

美濃農會重視水稻產業，有多重考量，一來水稻是臺灣主食為農業根基。二來水稻種植過程富涵水資源及微量元素有助地力，此一作用在菸葉契作時期即已凸顯的效益。三來可配合政府政策環境給付，一期種植水稻、二期休耕養地、冬季裡作番茄、蘿蔔、紅豆、敏豆等多樣化蔬菜，增加收入。

面對極端氣候的挑戰，農會總幹事鍾清輝與地方 NGO 團體美濃農村田野學會近年合作深入盤點美濃各區的微型氣候，接著推動面對微型氣候差異的適地適種，兼顧產銷的計畫性生產。鍾清輝（2023）說：「帶領農會同仁一起積極尋找轉型方向、外部資源、替代作物，為了務農一輩子的家鄉長輩，也為了深愛的美濃農村，更希望能在自己故鄉平安快樂養育下一代美濃人。」

鍾清輝總幹事返鄉即進入農會服務，經歷米廠廠長、推廣主任、供銷主任。在 2009 年擔任總幹事後即著手改善農民種植、繳穀、糧倉、加工等種種難題。這些投入展現在農會陸續推出稻穀產銷專區、建立契作模式，選擇單一品種，建立高雄 147 稻米精品品牌，並且創造連結農民端消費端的米存摺。這些過程反映出農會對於稻米產業的看重，以及在國家農業生產結構中，持續創造稻米的競爭力。

2005 年美濃農會成立稻米產銷專業區，並同時建立契作模式：台梗 2 號品種契作起於 2005 年迄於 2012 年、高雄 145 號品種契作起於 2006 年，迄於 2013 年，以及特別打造的高雄 147 號品牌，

自 2012 年起至今（2024 年）持續運作中。農會契作並非只是照顧農民式的全面收購，事實上農會自 2008 年起開始契作第一期水稻，此一考量呼應了政府政策，鼓勵農民二期休耕栽種綠肥富養地力；同時考量農民經濟收入和市場需求的調節，保持冬季裡作生產期的彈性。如此調配手段並沒有因此固化，面對中央政策的調整與佈達，農會在清楚自身運作策略的情況下，依然嘗試找到最佳的路徑。2017 年，美濃農會協助中央政府推動農民保險，並且協助第二耕作水稻農民，直接試辦水稻保險（高雄市美濃區農會，2023，頁 15）。

「高雄 147 米」品牌的建立過程是農會總幹事鍾清輝、推廣股主任鍾雅倫及在地團隊的努力。農會連結專業契作農戶，建立農民取得品種的育苗場，在耕作過程持續進行田間採樣，進行快篩藥檢，並協助農民建立產銷履歷。農會特別引介專屬割稻機給高齡化的老農，再進場專場烘乾，由農會統一進行專屬糧倉儲藏保管，同時進行農民端符合食品安全檢測，以達成農作物的安全檢驗，接著建立品牌，擴展行銷模式。美濃農會在品牌建立與行銷模式有其突破創新，以回應穩定銷售，此乃多數農民認為最艱難的環節。

根據統計資料，2022 年美濃農會只與農民契作高雄 147 號，契作面積為 392.6 公頃。「2023 年擴大到 415 公頃，478 位農友……由於臺灣小農經濟耕作土地零碎化，417 公頃是 2,276 筆土地總計面積」（高雄市美濃區農會，2024，頁 10）。

對於多數農民來說，建立品牌與行銷模式並穩定銷售，是最困難的環節。美濃農會以自身的資源和專長，在品牌上做了這些努力：

選定「高雄147號」為契作的單一品種，進行專業設計以建立品牌區別度。為了展現特色與亮點，總幹事在設計包裝時傳達了明確的訴求，「美濃米禮盒，不要跟別人一樣放稻穗，外表看起來就是精品」（高雄市美濃區農會，2023，頁12）。醒目的橙色用在包裝的塑膠袋上，甚至專屬割稻機也掛著專橙色車旗。

在市場行銷上，農會推出多元包裝因應不同需求，美濃農會在地超市銷售的9公斤大包裝、給一般消費者的包裝，還有婚禮的喜氣小包裝、民俗拜拜用包裝米、告別式罐頭塔等。值得一提的是農會首創的米存摺，這個創意來自總幹事鍾清輝推出的「總明繳穀法」，農民契作之後取得米存摺，可向農會領取食用米。此外，農民同時可扮演供應商，可以送朋友或賣給外地消費者，在種植的農業勞動收入之外，再取得高雄147米行銷收益。總幹事在訪談與演講中多次強調：「讓農民對稻穀價格充分瞭解，作出最大收益的總明選擇，同時考量到農民自家也要買米吃，自行留稻穀碾成白米也不方便，推出全國首創的米存摺，種愈多、存得越多。」

美濃農會多年來持續創新的行動，鍾清輝總幹事說：「水稻是輪作基礎，不僅是農業之母，也是農村發展的壓艙石，水稻產業為農會重中之重。我們堅守品種、品質、品牌，樹立美濃米優質品牌，提升國人對國產稻米的信心（高雄市美濃區農會，2024，頁10）。」在稻米產業上的堅持，充分發揮農會作為農事服務業的理念實踐，對於農民、農村可以帶來持續的影響。

三、農會組織型態的轉變與調適

美濃農會以農民為主體的經營精神，可在內部組織調整及實際果菜運銷看出端倪。基於為農所用，如何將農會的經濟事業以農民為重，涉及農會經營者如何將農會的經濟事業適當調整，並且依據農民的生產型態以及耕作需求行事。如推廣股長鍾雅倫指出透過美濃農會運銷到臺北果菜市場的運銷金額，2010 年運銷一、兩千萬元，2013 年是兩億四千萬元，2014 年達到兩億七或八千萬元。此一數字的攀升，具體反應農民轉作、整合分級、農會運銷共同整合生產資源的集體努力。

首先將供銷部及推廣股的業務審慎區隔。鍾總幹事表示：「農會經濟事業指信用部與供銷部。就供銷部事業來講，農民需要肥料資材或種子，另外則是行銷。行銷的部分為了達成產銷合一，蔬菜跟水果的運銷由推廣股來做，例如菜到市場上去有品質問題的時候，或分級不好的時候，如果由供銷部來處理可能效果不好，若找推廣股的農事指導員朱秀文，他知道品質那裡出問題，由推廣的人來做產跟銷的連結，我認為比較好，所以農產品運銷大概在這個部分（鍾清輝訪談，2014）。」

推廣股的工作在於協助農民果菜運銷，從農事教學以及農產品的包裝行銷。推廣股增加服務人員、人事增編，事實上就是擴展對農民的服務，鍾總幹事強調：「推廣股的人員編制超過十個，很多農會大概推廣股人員編制不會超過兩、三個，因他們認為說推廣股不是賺錢的單位，需要那麼多人幹嘛（鍾清輝訪談，2014）。」

在一些基本表單等填寫工作上，農會則是保留了農民自主管理的空間。鍾雅倫說：「對！農民自己填（代號及箱數），我們這裡沒有人顧，他來的時候就辣椒放這裡，檸檬放那裏，然後來這邊寫寫。每個人都有自己的代號。……過了中午 12 點，農會委託的貨運車便開始疊貨，晚上就直達臺北市場（位於臺北市萬大橋旁的一市和二市[11]進行拍賣，當天銷售量及額度就會上網），農民第二天睡覺起來就可以透過農會的帳號及我們提供的密碼，只要家裡有孫子或子侄輩，就可幫他上網找到拍賣資料，就可以跟阿公講『阿公你今天賣了多少錢！』帳號密碼公佈給農民，讓農民自己去看，也會比較商販跟臺北市場的價格。根據我的經驗他們會去看今天價格誰最好，然後去跟他學習，……也會來辦公室問說哪個號碼是誰？為什麼他的價錢會這麼高，他們彼此之間會互相學習。」基於農民與農會的信任，填寫號碼及箱數都是由農民自填，並沒有像工廠的查驗人員，那麼若是電腦價格偏低或是箱數不足的情況發生，美濃農會也會協助解決。「掉件或怎麼樣遺失，……只要你敢寫我們就敢認，……農民如果掉件不用擔心，他只要來講「掉件情況」，我們協助查核，查不到還會用最高的價格賠他，所以根本不用擔心（鍾雅倫訪談，2014）。」美濃農會的作法可以看到農民與農會之間的深厚信任與相互支持關係，一來農民不用擔心農會怠忽職守，二來農會也不擔心有人會胡亂填寫，如此正向的合作關係，在其他

11　臺北市第一果菜批發市場、第二果菜批發市場（濱江果菜市場），簡稱一市和二市，是臺灣果菜運銷的重要命脈。

的農會運作相當難以想像。

推廣股鍾雅倫股長提到:「很多老農一早騎著摩托車來就放兩箱,然後他就回去,就這樣完成了。那 2010 年的時候大概是運銷一、兩千萬,可是我們到 102(2013)年的時候透過美濃農會運銷到臺北果菜市場,賺回來的錢已經兩億四千萬,今年(2014)應該可以到兩億七或八千萬吧(鍾雅倫訪談,2014)。」

除了上述推廣股的情形,另一個部門——供銷部的人員調度,則又是另一種不同的特質。由於供銷部需要負責米廠或肥料搬運等倉儲工作,過去涉及農會選舉過程之間的地方派系爭奪,取得總幹事職位的人常會把落選派的內部支持者發配到肥料倉儲仿傚懲罰,如此一來導致許多農會的肥料間工作人員面對職責經常是懶散敷衍。然而鍾清輝強調肥料是很重要的農民服務部門,他強調:「我全部派年輕力壯的年輕人,幫農民做基層的服務……最感謝這些發放肥料的年輕人。因為你們服務好,口碑就出來了。以前去買肥料都不敢買,為什麼,要自己搬,可是現在不用,一到那邊去農會的年輕人全部就已經幫他處理,包含攪拌肥料的服務,所以我們從小地方去改變,小改變之後,農民各方面業務推展,就會比較順利(鍾清輝訪談,2014)。」

在組織工作區隔之後,更進一步調整「供銷部」肥料的售價、服務與設備。「肥料要賣的價格(利潤),美濃農會大概折半。一般賺 15 塊的,賺 7 塊即可,折半因想提供更便宜的資材給農民。第二,提供更好的人力的服務與設備,比如說每個點都有『肥料攪拌機』,因為不希望農民全部用臺肥的複合肥料,所以設此作法。

機器攪拌肥料往往要收錢，但在此完全免費。（除了肥料攪拌機，）在供銷部各點都會看到洗蘿蔔機、蕃茄選別機、檸檬選別機，就是提供讓農民更方便的服務，讓農民產品分級包裝比較好，品質比較好，到市場時價格也好（鍾清輝訪談，2014）。」

另一個值得一提的例子是雜糧作物的推動。筆者 2014 年訪談之際，美濃農會正推動紅豆，從產銷、耕作方式的討論都呈現民間運作的特色。經整理鍾總幹事的訪談、紅豆農民及農會幹部意見，以下簡略說明農會當時面臨的問題與想法。農會當時正在思考的兩個問題，問題一，價格遭採收機業者和豆商聯合剝削；問題二，採收對農民體力造成太大的負擔。為了解決第二個問題，農會爭取補助添購兩臺採豆機，加入收購紅豆的行列，增加農民買賣的選擇；此外，也在採收運送過程使用太空包，減輕高齡農民的體力負擔。

針對紅豆的價格遭採收機業者和豆商聯合剝削的問題，有其背景脈絡。前幾年紅豆價格不好，收成期缺乏採收機，農會也還沒有添購採收機時，農民會私下拜託開採收機的業者，因此形成採收業者決定價格的情況。農民若因為價格太低不賣，採收機就不採，讓採收機和豆商有機會聯合壓低紅豆的產地收購價。至於採收時農民體力的負擔，以及採收後沒有適當的運輸工具載負紅豆，「像我爸也種紅豆，我去田裡幫他搬的時候才發覺：紅豆是比稻穀還重的東西！一袋紅豆比一袋稻穀重百分之三十以上，這對農民的體力是很大的負擔。這就是為什麼農民情願以比較低廉的價格賣給採收機的業者（鍾清輝訪談，2014）。」

為了解決上述問題，農會向農糧署爭取兩臺採豆機，加入收購

紅豆的行列,讓農民有私人採收業者以外的選擇。這一步宣示與象徵的意義較大,主要是安農民的心,讓農民知道農會也即將提供採豆機的服務。第二步是主動出擊,蒐集市場業者的資訊,讓農會可以即時做出更好的調整與判斷,並改變包裝和運送模式,解決原本的人力運送負擔。鍾清輝說:

> 我們也要求農糧署提供美濃農會所有這些採豆機的廠商,充分掌握這些採豆商的資訊。這樣在採收時期,農會也有採豆機,也會出面收購,農民決定賣紅豆的時候有比較多的選擇,農民的選擇性多的時候,價格就不容易被控制。

> 過去,農會不可能到家戶的農田裡去收紅豆,紅豆商也是選擇性地去收。在這個情況之下,如果體力的問題沒辦法解決,農民可能還是一樣價格受制於豆商。所以就改變包裝的方式,因為以前總是要一袋一袋的袋子裝紅豆從田裡搬到車上,再載去農會或是其他地方,那為了減少農民體力負擔,我們改採太空包,就是跟稻穀一樣、跟割稻機一樣的模式,都是機械化,農民在田旁邊就好,也不用進去搬,採豆機直接填充到太空包、太空包直接載到農會去。這個一改變以後農民體力上的負擔也沒有了,採收機也充分的利用(鍾清輝訪談,2014)。

然而總幹事也提到,解決這些問題之後,又產生了另外一個問題——種植面積激增,因為當農會從農民角度來思考,問題解決以

後反而造成美濃種植紅豆的面積急速增加。大寮紅豆當時比美濃紅豆更有名氣，但種植面積也才 300 公頃左右，美濃 2013 年紅豆的種植面積已達 990 幾公頃，是大寮的三倍以上。

針對紅豆大幅增加面積的討論，美濃農會當時規劃仿效白玉蘿蔔的種植經驗，採種植登記制，即以計畫經濟控制面積。若農會準備的兩百公頃種子銷售完畢，就會向農民預警，透過掌握種植面積來穩定價格，也方便安排後續的行銷通路。但紅豆的種子來源選擇多元，是以後續的耕作、採收及行銷等環節，都需審慎面對處理。

（一）農業生產專區

美濃農會從 2012 年推動農業經營專區，初期為 191 公頃，2015 年之後逐步擴大，在 2017 年達到 1,405 公頃，正因為第一農業生產專區效益提高，以生產紅豆、敏豆為主並落實生態農業，因此在 2022 年推動第二農業經營專區，以生產小番茄、蘿蔔及野蓮為主，面積達 386 公頃。第一農業生產專區土地所有權人共計 2,180 人，由於臺灣農地零碎化，農地筆數高達 12,905 筆。十年後推動的第二農業生產專區，農地筆數已大幅下降至 2,599 筆。其中的整合力道之強大有幾點原因。首先，農會成員相當積極，且成員多以在地人為主，由在地人出面與地主溝通較具優勢。其次，整合對象之中包括外來買地者的新進地主，農會半公共化的性質，其調度機制較容易為地主信賴。

美濃農會推廣部主任鍾雅倫（2023）在簡報中指出：「農業

經營專區以農地思維出發，整合人、土地、產業及資源以提高資源運用效率；期待達成優良農地永續經營；最重要在於農產加值，營造專區為生產基地、提升產業價值與競爭力、發展營運主體經濟事業，提高農民收益，並且穩定老農、扶持中壯農，吸引青農回流。」正是如此穩扎穩打了十年，方能建立模式使農業專區機制更加成熟。

然而整合土地只是第一步，為了確保品質及計劃行銷的共同耕作，美濃農會從生產到行銷，都做了努力。整合各類農民組織（產銷班、經營班、作物群組、運銷農友、契作農友）並加以培訓，建立永續生產基地並且調整輪作制度。美濃傳統輪作為一期稻作、二期稻作及冬季裡作菸葉，目前依市場需求轉型為一期稻作、二期休耕綠肥及冬季裡作紅豆、敏豆。第二，為確保農產品品質，引進植物醫生建立綠色農業資材中心輔導農民安全用藥，並輔導農民建立產銷履歷，建立消費者溯源系統。第三，為了確保農民收益，美濃農會建立契作管理模式，契作之後依據不同的農產品建立不同的行銷模式，在此以紅豆、橙蜜香番茄、白玉蘿蔔的契作模式為例。

紅豆：美濃農會全面收購農民種植的紅豆。農會除輔導農民建立產銷履歷、植物醫師制度之外，為確保食品安全，紅豆皆採用自然落葉法（不使用農藥落葉劑），進倉前完成食品安全檢驗並標示收購農戶，以利行銷。此外，美濃農會認為紅豆的產銷具有深厚的社會意義，穩定高齡生產者在農村的耕作與生活，因此提出這樣的說法，「穩定紅豆就是穩定老農，穩定老農就是穩定農村。」

橙蜜香番茄：產銷班的契作模式為主，預先統計品種及面積，

並且進行地方盤價商議。這是最重要的一步，評估種植面積、農業勞動及番茄生產況情況，訂出合理價格是番茄契作成敗的關鍵。搭配農會現有的產銷履歷、植物醫師、田間採樣機制，並且在出貨前選果分級、逐批留樣做藥物殘留和甜度檢驗。橙蜜香番茄的行銷模式以「宅配出貨、賣場上架、電商行銷」為主。

美濃白玉蘿蔔：農會從源頭管控種子販售，以利品種統一，並管控種植面積。其用意在於透過種植登記，預先規劃整體種植面積，若有太大的浮動可提出預警制度，讓生產者和管理者都有時間應變。其管理方式與橙蜜香番茄相似，行銷環節則分兩類，第一類是體驗經濟的推廣，以股東會、個人農場方式經營，邀請消費者預先出資認購，採收季時邀請消費者到田裡自己拔蘿蔔、自己帶回家；第二類則是將蘿蔔洗選分級後裝箱出貨，以「賣場上架、電商行銷及農產加工」為銷售方式。

（二）新世代專業農：青農自主與地方奧援

行政院主計總處農林漁牧普查清楚顯示，農業經營已經朝向高齡化的發展。可是當 2014 年筆者在美濃進行田野調查之際，美濃農會卻特別指出近五年（2010-2014）農二代青年返鄉有增長的趨勢。這些返鄉的農二代容或尚未成為家庭內部的農事指揮者，然而年輕人卻有自己的技術網絡、耕作選擇與社會連結。這個章節裡，筆者將從一位年輕的產銷班班長張治紘的返鄉經驗談起，再論及美濃農會在基層金融運作的協力。

不分區域，青年農民返鄉幾乎都必須面對家長的壓力，長輩的期待與世代耕作方式的差別。

> 一開始我回來的時候，家裡的人也是意見很多，本來想說服老爸，講來講去就吵起來了，後來想起來，乾脆做給他看。一人一塊地，行動第一啦。先種同時在這塊地上選我認為比較好的品種，慢慢改耕種的方法，當然有時也會跟我爸討論，問他的意見啦。這樣做證明是對的，我爸雖然沒有要按照我的方法來種田，但也不會要求我完全照他的方法種（張治紘訪談，2014[12]）。

張治紘花了許多時間找到辦法，以具體行動區隔與父執輩老農的生產成果差別，再慢慢的找到請教、討論的時機。

至於新世代的青年團體如何形成及運作呢？運用新型科技成為一種特色，張治紘說：「我們組了一個 Line 群組，年輕農民的 Line 傳遞的消息很多啦，不過，跟農相關的就是針對耕作土地、耕作方式、以及品種或是病蟲害如何防治，都會在 Line 上面問東問西，也會有人來回答，或是產銷班的公文來了，我也馬上傳給每一個班員。」產銷班成員的互動與消息傳遞，形成田間實驗室的概念，針對品種、病蟲害的學習與分享。

---

12 多次進行美濃農民訪談，2014 年 10 月訪談美濃農會產銷班班長張治紘，此一產銷班成員為 35 人，生產面積 60 多公頃，平均年齡 33 歲，為年輕農民產銷班。

不僅如此，網路與資訊系統也是年輕農民與消費者積極互動的工具。張治紘說：「宅配到家，我有去宣傳過一、兩次啦，但現在不用了，年底時有很多人訂，我就把收成多少可以裝多少箱講清楚。收訂單，收成一到就趕快寄出去。去年收成還比訂單少，不過我不會轉單啦，要讓來訂的人收到我種的，不能拿別人家的作物來裝箱啊（張治紘訪談，2014）。」

張治紘強調，剛開始有跟農會去外面擺攤，目前則是透過消費者口耳相傳，每年年底的訂單太多，他也不想多收，就會建議消費者向其他班員訂購。這樣的社會網絡不僅僅是與返鄉農友間互相支持，也是他與消費者之間信任互動的建立。

若以張治紘的經驗看來，彷彿青年農民返鄉就會有許多機會與經驗傳承。然而張班長也提及過去種植因天氣而收成不佳，得向農會貸款應急，但基層金融的農民貸款與都會上班族月繳方式不太一樣，農會還款同樣要照時繳交本息，但會顧及農民種植作物的時序週期，可在採收時銷售時繳還大筆款項。美濃農會鍾總幹事這樣說：「支持年輕農民，就算被騙一次又何妨！⋯⋯年輕農民，巢做好鳥就飛回來了。」他以長期農會經驗，分享他對青年貸款的看法：

第一點或許他爸爸剛好沒有留塊地給他，沒有留下資產給他，他今天回來務農，那他沒有資金，來到我們農會去借。如果就算是被這個二、三十歲的年輕人被他騙了，我說我們也應該被他騙，因為我們今天給他一個機會，他還那麼年輕，一輩子還要走下去。如果他真的有需要從事農業工作，我們推廣股的

人員去確認,他真的要做,我們一定要幫助他。……今天我們幫助他,就等於他們明天會幫助我們農會一樣(鍾清輝訪談,2014)。

此類農民貸款,國家也有農業信用保證基金的保證協助。此外根據《農會法》第 40 條第二款第三、四項規定:「三、農業推廣、訓練及文化、福利事業費,不得少於百分之六十二。四、各級農會間有關推廣、互助及訓練經費百分之八。」貸款所形成的信用部管理及盈餘,照法規需回饋到農業推廣工作上。美濃農會推廣股鍾雅倫股長多次強調,他們推廣股之所以十多個人一起工作,就是因為:「農會法裡面規定,農會的盈餘 62% 要用到推廣經費。……美濃農會比較特別就是,真的把盈餘紮紮實實的做提 62% 到推廣經費裡面,然後我想我們應該是臺灣各農會推廣股裡人數最多的吧(鍾雅倫訪談,2014)。」

給予農民的金融支持之外,關於農事的技術支持與服務,主要仰賴農會的指導員朱秀文先生,以及連結政府農業試驗所的農業改良場,從耕作到品種與各式各樣的作物防治緊密連結。對於年輕人的服務,無論放款、農事諮詢,農會都會優先處理。總幹事強調:「我們不會鼓勵父執輩完全跟農業無關的人貿然跳進農業。所以我們不會鼓勵說:『年輕人你就回來,或者我們開記者會宣傳青年從農。』……針對農二代優先輔導,至少如同我從小跟爸爸去田裡的經驗,所以跟土地跟農業的感覺、感情是比較接近的。」「爸爸叔叔跟伯伯在農業生產的過程中,都可以提供很好的經驗,讓我們減

少從事的風險」（鍾清輝訪談，2014）。

從美濃的經驗看來，「青年進鄉」與「農二代返鄉」兩者有相當程度的差別。青年農民要留在鄉村，最重要的就是要活下去。活下去的條件包含收成、技術、資金、土地等必須到位，若非家族傳承，確實需要適當的政策與支持。此外，青年進鄉或農二代返鄉只要從事家庭農場的生產，就意味著農業及文化的傳承。青年會帶著創新的思維和科技融入田間，應用在產銷方法上，但仍然有許多無法言喻，只能依靠勞動經驗得來的智慧，會在青年身上延續下去。這與我們在美濃聽到許多農民、農會幹部及民間團體成員提到，「農業本身是農村文化的一個部分！」是一致的方向。

四、社會權力集結運作與權衡

透過美濃農民生產方式的轉變，旨在探究新自由主義農業貿易自由化如何影響臺灣農民的生產關係，因此研究對象以契作農家及美濃農民──直接受制於農業貿易自由化結構──探討其農業耕作的選擇、生產關係的轉變。這些農家顯然已經在契作之外，走向休耕路線，或者是多樣化的耕作，以及在此過程中建立網路銷售及田間體驗勞動（蘿蔔採收），在努力與摸索中漸次形成國家控制之外的自主社會連結。

在農民社群之外，最為主要的協助當是民間團體，在此以美濃農會的組織型態及農耕投入，以及與各級社會力量的整合，看到美濃地區確實湧現多元的、蓬勃的民間參與。透過美濃農會總幹事的

訪談，農民的訪談，以及與農會經常接觸的地方團體與地方青年的訪談，可以管窺美濃當地的社會權力運作。

鍾清輝很清楚的指出：「美濃農會這幾年如果有一點點的改變，我會認為像（溫）仲良他們，給我們一個很正面的幫助。除了第一個實質面上幫助的部分，第二個給我們壓力。為什麼壓力呢……如果總幹事沒有受到監督的時候，我可能就會流於像一般農會一樣，就是派系政治，把自己的權力鞏固好就好了。」「可是我們很重視外部的團體，比如美濃農村田野學會，給我們的一些協助，或者說他們這邊的年輕人，跟我們農會的年輕人，大家在一起的時候，會認為說，對，他們會鞭策我們，無形的鞭策我們要走向正面的力量，我認為這點是我認為我當總幹事以來，我認為最思考的一個部分。……可能因為我們做出了一些成績給農民會員看，所以在第二次選舉的時候，就能夠普遍獲得農民的肯定。」（鍾清輝訪談，2014）

持續轉變與農民互動，間接促成了美濃農會角色轉變及服務調整，2014年果菜拍賣市場業務移至產銷部。供銷部所做的肥料銷售，價格相較於鄰近的農會折半，以接近成本的價格供應農民。供銷部從事肥料銷售的工作人員以青年為主，協助農民進行特定肥料攪拌及協助老農搬運上車。供銷部在美濃各點提供洗蘿蔔機、蕃茄選別機、檸檬選別機，提供服務讓農民分級包裝，有助品質維持，賣到較好的價格。休閒部是新成立部門，自鍾清輝總幹事上任後，考量要以農村地景、農村文化為食物連結之外的城鄉連結型態。

美濃農會組織2021年再行更新為會務部、信用部、保險部、

供銷部、推廣部、休旅部、資訊部、企稽部、會計部、美濃區農會未來超市、美濃綠色資材中心服務農民。其中未來超市強化與消費者連結，綠色資材中心確保農民安全用藥，顧及消費者食品安全（高雄市美濃區農會，2021）。

　　這些歷程讓美濃農會的角色定位不僅是以農民為主的服務團體，也是支持一百多個就業機會的非營利團體，同時，農會的生產採購和運輸過程也創造了地方經濟，這是其他農會很難做到的。此一變化，從外部視角可能視為總幹事的領導能力，但若進一步從總幹事的訪談內容中探詢，會得知此一轉變是與美濃當地的民間團體及許多農民反覆討論，逐步改變的過程，即知此為美濃在地社會權力確立互助協力所形成的經營實體。在此以總幹事的話，帶出經營實體的內涵－美濃人對於在地品牌的珍惜與團結精神，「美濃農業不打個人戰，而是團體戰。不僅是共選共計的美濃月光山木瓜、專區生產的契作米、契作紅豆、還包括每一個外紙箱上印有『美濃』產地的所有農產品。每一個農民、每一個『美濃』紙箱，那是美濃農產品的宣導代言人（美濃農會，2023，頁7）。」

　　事實上，臺灣1950年代初期完成土地改革之後，針對小農的經營、品種改良、基礎設施及金融協助，乃是由農會、農田水利會及農業改良場等官方支持、國家計畫經濟主導的型態，直言之農會本質即半公共化的農事服務業，只是因為長期以來地方政治角力及臺灣民主過程中，選舉非法運作依舊掌握了農會系統的人脈與基層金融，所以農會漸漸為地方派系所掌握，而忽略了農民服務。加上1990年代後期，臺灣為加入世界貿易體系而忽略農會法認定的農

會係屬農民非營利組織的社會角色，而任由各個農會依其經驗各自經營，甚至鼓勵其仿效企業經營模式，而成為農村的逐利團體。因此，類似美濃農會當前可以形成非營利組織，在傳統的生產和銷售路徑上提供有競爭的服務，協助多數農民的運銷（將美濃農產品分級包裝運送至臺北果菜市場拍賣行銷），並且連結民間力量與基層金融為農民服務，建立在地經濟網絡、支持青年農民投入，並不是簡單的事。以社會權力的自主運作在地經濟模式已然運轉。當然，此一案例的發展脈絡、運作模式、民間團體與其合作、矛盾、衝突與權衡的細節，筆者觀察研究近十年，後續仍值得長期探究。

　　美濃形成的社會經濟型態，透過此文可以整理出三個觀察方向，提供更多後續的研究可能：1. 契作農家的交換關係，從脫離國家規約的制度交換，進入市場機制交換的過程中，出現社會權力相互協力的多元模式。2. 透過地方經驗的蒐集與分析，理解農民面對交換關係的矛盾之處，從而就現存的交換關係中整理未來可能的發展方向。3. 從水稻、雜糧及蔬菜種植，到組織農民、連結農民的白玉蘿蔔食農體驗、穀農的米存摺都可看出美濃農會促進社會力量的多方連結促成農民與消費者的支持、交換及互惠。

第 5 章
彎腰農夫市集

　　農夫市集是土地到餐桌最近的距離，農夫與消費者建立食物的直接交換管道，過程中理解耕作、品種，同時也理解食物之於人不只是滋養，也是地方文化醞釀之處，友善生產與飲食文化共築人與人、人與地方、人與土地的道法自然的思量與行為。彎腰是對土地的謙卑也是對農民的尊重。農夫彎腰耕耘，只為小心翼翼耕種與照顧土地，此一動作是農耕勞動的生活哲學，尋求人與土地溫柔共生的和諧。這是「彎腰農夫市集」命名的意涵，也是對社會的期許。

　　農夫市集作為整合生產端與消費端的運銷體系，在圖 2 以整合者區分農業產銷體系類型中，屬於第二類產銷模式。以社會力量整合、集結、組織生產端農民，來到都市地區或鄰近生產地點的城鄉交界處，以市集擺攤形式，進行交易、溝通、教育，或與農友互相交流活動。除了傳統的農產販售活動外，也創造農業生產者之間、生產者與消費者之間的真實連結，以週、隔週或月為週期的固定擺攤，經歷宣傳、舉辦、交流的過程，形成農友、消費者與其他行動者的慣習（habitus），影響生產者、消費者與中介工作者對「農」

的認知、感覺、思考的偏向態度，提供關於臺灣「農」學的不同思考渠道與訊息，而農夫市集運作的實體空間，便是支撐此一慣習形成的場域（field）。農夫市集相較於傳統產銷模式，更能彰顯土地與生態的關懷、談論永續發展的目標，帶動生產與社區和在地經濟的連結等理念的認同，有時也能吸引某種程度的贊助，並且吸引消費者的公共性，志願參與市集的運作，降低小農競爭成本，支撐農友之間產生互惠互助的模式。

在此情形下足以解釋為什麼社會經濟消費實踐的「彎腰農夫市集」不只是販售農產品，而是在於建立農民跟消費者直接溝通的管道。此外，在市集裡引進手作體驗、親子活動與消費者互動，是教育消費者，也教育孩子從手作草仔粿、洋蔥皮染布等體驗活動，開始思索食品加工與飲食的連結。透過此類生活經驗，促使消費者意識到農業生產模式正根源於消費者的健康選擇，而不僅是為了照顧農民的生計。如同聯合國（UN）在 2014 年國際家庭農業年（the International Year of Family Farming, IYFF [1]）特別強調各國家庭農業的重要性，家庭農業提供適應性（adaptability）與韌性（resilience），守護國家糧食主權。家庭農業生產也是各國社會和文化社群的一環，守護環境資產、自然資源、生物多樣性和文化遺產。通常多樣化生產的國家例如臺灣或日本，蔬菜水果的選擇多元，此一經驗在亞洲等家庭農場生產為主的國家仍可見到。臺灣之

---

[1] Food and Agriculture Organization of the United Nations (FAO), Family Farming Knowledge Platform, website https://www.fao.org/family-farming/detail/en/c/416710/(access on 2024/9/28)

所以每日提供上百種果菜讓消費者選擇，即是回應消費市場的期待以及農家品種保留及田間實驗的延續。相較於蔬菜水果的多樣性，國內主要糧食及雜糧的生產則端賴進口。因此，務實的思考在地農業、家庭農場的多樣化生產，並提高且維持臺灣糧食自給率，以多樣化農耕生產連結消費者自主經營的選擇模式，建立社會經濟型態，正是此刻的書寫重心。

一、農夫市集：土地到餐桌最近的距離

近來許多友善生產的小農，其進行農業生產的目的既非追求利潤的最大化，亦不僅以滿足基本生計、維持簡單再生產為目標。對這群農民而言，農業的目的不只是為滿足生產，它同時帶有維護生態、創造及改善生活的功能。由於友善生產的小農於生產層面上，特別強調對土地與生態的關懷，追求永續發展的目標，著重生產與社區和在地經濟的連結，因此，小農對傳統的慣行農法多半尋求改善方案，特別是避免使用農藥、化肥或是運用特定堆肥的方式，嘗試友善生產。就農產品交換流通面向而言，友善生產的小農團結自主經營農夫市集，或是與信賴的非營利團體、相關組織、消費者團體建構農民與消費者第一線接觸的農夫市集，或運用網路行銷的方式直接與消費者進行交易。

簡言之，當農民帶有強烈的社會關懷取向，其所展現的特質、其對農業的看法與觀點，以及所偏好的通路管道等，皆迥異於接受國家計畫安排的農民，而這群友善生產的小農的出現也導引出許多

值得研究的議題。粗略看來，友善生產的小農雖然不乏透過網絡或企業團購等媒介直接面對市場者，不過農夫市集在 2010 年前後陸續出現，近因在於社區工作推動的階段性展現，百花齊放的農村社區開始透過農產品、農事體驗與消費者互動。此外，網路與社群平臺的興起，讓農民與關注在地議題的參與者，持續介紹推廣臺灣農業。最後是注重食品安全的消費者，對於食材來源有高度興趣與期待，這也促成了農夫市集的興起。2010 年前後農夫市集陸續出現可視為農民運動的脈絡，是農業世代交接與產銷轉型的現象，更是友善生產小農的主要集結，透過農夫市集的探究與針對參與其中的農民的訪談，或將可以理解從生產端出發的社會連結。

本書第 2 章將臺灣農業產銷體系依整合權力不同分為三大類型：國家整合、資本整合與社會整合，其中「社會整合」類型可依發起端的不同再細分三個次類：消費端、生產端、商販組織成的運銷網絡。這個章節將以筆者過去實際參與彎腰農夫市集為例說明社會整合生產端農產運銷體系的運作。來自生產端組織的農夫市集結合個別小農，有意識的直接面對消費者，透過人與人的直接接觸，販賣商品的同時，也介紹農業生產的政經議題、環境價值與小農的生態農業友善堅持，展現因多元參與、互惠共享所形成的緊密社會連帶。

2010 年起參與彎腰農夫市集的陳怡君在文山社區大學的演講中介紹農夫市集時，提及在資本掌控的運銷通路中，農民與消費者的連結往往只存在貨幣交換的商品，同時也在流轉過程中，貨幣被資本財團吸納，她提到（陳怡君，2012）：

農夫市集是甚麼？早年美國出現大賣場……購買的方便性影響消費習慣，消費者從地方性的小店轉往停車方便且可購買一禮拜性的大型商場；品牌的信任影響消費決策，資本雄厚的大型企業可以花錢買廣告，進而影響消費者購買時的選擇，但消費者卻看不到大公司生產下的汙染，與工資壓迫，透過大量的資金可以掩蓋與美化很多事情；大賣場對地方商店的壓迫，一個地方出現的大賣場，地方性經濟的運作與流轉機制被迫消失。金錢會順著自由貿易的腳步直接匯出國外，而不是留在本地。2007 年臺灣引進了農夫市集（合樸跟中興都是 2007 年開市），特別強調產品友善、有機，以及土地友善。中興大學對農夫市集的定義：農民親自銷售農產品給銷售大眾；定期在戶外舉行，成為休閒特色；快樂的農夫（生產者同時也在這個環節點上獲得比較好的報酬，被尊重而感受到消費者的需求、環境保存、生產者）；減少中間的價差，增加農民的收入；產品是新鮮在地的……。

Holloway 與 Kneafsey 研究指出農夫市集呈現的社會意義，在於農夫及家庭農場對工業化食物生產系統的反省，並且扣連消費者意識增強，反思食物消費背後涉及的健康、政治與消費倫理議題。藉著農夫市集，農民與消費者面對面的溝通，並且支持地產地消，地方食物，在了解食物生產過程的同時，也體會了生態環境、農業生產與人（消費者）的連結（2000）。

相較於壟斷資本所建置國際農糧體制，農夫市集則呈現了農

民、農民社群、消費力量及許多草根團體的結集，Kloppenburg 等人認為（1996）農夫市集意味著道德經濟（moral economy）、共生的社群關係（the commensal community）、自我保護，脫離與繼承（self-protection, secession, and succession）、地方與區域的鄰近性（proximity）、以自然為主的考量（nature as measure）。此即農夫市集的消費並不停留在「交換」環節，並非如同在便利商店悠遊卡「嗶」一聲，拿走商品這麼簡單。走到農夫市集，意味著消費者對農業支持，當人們好奇的詢問「茄子怎麼種的？長得圓圓的，與我在超級市場看得不一樣」，此一對話已然形成對於適地適種、節氣品種及地方性的訊息轉達。何以「交換」附載如此豐富的內涵，這正是前述學者所描述的抽象概念。

　　Kloppenburg 等人（1996）指出正如「集水區」的含意，糧食集區（foodshed）可作為思考與概念的分析單位，同時提供行動框架。許多國家容或因為政府忽略了糧食主權的堅持與生產；反觀糧食自主的大農國家，例如美國透過國際農糧體系所掌控的全球食物系統，將農產品運送至消費者餐桌，掌握超額利潤。Kloppenburg 提出「糧食集區（foodshed）」概念，也務實的詳述了多種產銷路徑。他從食品公司主宰的生產、加工、配送及消費流程，觀察到另類的途徑逐漸興起，透過農夫市集，生產者與消費者有機會連結在一起，奠定糧食集區的發展。生產者肯認永續農業為社會與環境帶來的好處，也促使更多消費者開始認同新鮮、符合永續精神的食物的美好。除此之外，小店、小舖、小商家也透過另類路徑連結社群關係。

陳玠廷與筆者討論時曾提及他的觀察：農夫市集除可被定義、描述為「定期、定點舉辦，且由生產者親自販售所生產的農產品及加工品予消費者之銷售方式」。受到各類「在地農食運動（local agro-food movement）」的影響，社會大眾期待農夫市集所販售的農產品當地當季、友善環境，小農或家庭農場的生產，同時也把農夫市集的消費視為支持小農、支持地方產業與鄉村發展的行動。此類市集或由大學校園推動、或由非營利組織主理、或由小農自主集結營運，2010 年臺灣各地農夫市集約在 15 處（陳玠廷、蕭崑杉、鄭盈芷，2010）。在此簡要介紹，開市頻率每月至少一次者且當年持續經營者：「合樸農夫市集」創立於 2007 年 5 月 5 日，是臺灣最早定期定點舉辦的農夫市集，以志工隊的架構組織運作，強調理念推廣與教學。「興大有機農夫市集」2007 年 9 月 1 日成立，臺灣第一個在大專校園舉辦，最早每週定期舉辦並要求所有農友需取得有機認證的市集。「微風市集」成立於 2008 年 3 月，由高雄市社會局主辦，結合小農生產、環境支持與社會照顧，最大特色為將市集利益回饋社區，如社區老人日托班或身心障礙等弱勢團體的福利照顧。「248 農夫市集」成立於 2008 年 7 月 18 日，強調結合消費者購買其他生活用品，協助農友連結其他通路，如與餐廳、百貨公司等合作。

農夫市集近年來受制於疫情、電商有大幅度的轉變[2]。即使如

---

2 若想走訪臺灣各地農夫市集，可參閱臺北市文化探索協會作者群撰寫《逛市集》一書，2018 年由精誠資訊股份有限公司出版。

此,農夫市集仍是城鄉連結的亮點,推動農夫市集多年的黃俊誠（2018,頁 8）以推動者的角度貼切描述：

> 就表面來說,市集的直觀是一個買賣空間,農夫市集則是買賣農作物的場域。……這些平常散於農地,卻約好時刻一同湧入都市的農夫們,也在市集得到某程度的社交及農務交流,建立彼此的夥伴關係,更是在地糧食主權的重要宣示,因為一般在經濟通路找不到的少見作物,卻反倒能在農夫市集得以購買。市集是農業對於城市的反叛空間,也很重要的社區支持型農業的銷售管道,更是跨文化交匯的地方,透過這樣的飲食素養的建立,留傳土壤中的知識與力量。農夫市集追求的不是一般都市認知的買賣,而是藉由這樣的模式,試圖形塑一個新的社會關係,補回都市人們與土地的斷裂。

二、協力互惠的社會鑲嵌：以彎腰農夫市集為例

彎腰農夫市集源起於 2009 年的「彎腰生活節」,是由一群關心環境、土地和農業的學生、各界人士共同促成。當時是藉著音樂會和市集等方式,喚起大家對這些議題的重視,最後在 2011 年 9 月,才正式成為每月一次的市集,希望找回生活與農業的關係,並把這樣的關懷延續下去（浩然基金會,2014）。此一市集由民間組織臺灣農村陣線與浩然基金會合辦。相較於其他市集,彎腰農夫市集除了以農民生產者為擺攤基礎,同時在市集營運時間持續辦理以

農為主題的公共議題講座,並且積極推動手作工藝及食農體驗等現場活動。除了每月固定營運的農夫市集,每年十月還會擴大辦理為彎腰生活節系列活動,包括在平常日晚間舉辦的主題講座、週末音樂晚會表演以及更多攤位品項的農夫市集,深化農業產銷與消費者的連結。

在農夫市集,生產者與市集協作者固定反覆共同擺攤與勞動,在講求「見面三分情」的臺灣社會文化裡,在市集行動者間產生不絕如縷的人際關係,一如農村的鄰里關係。筆者認為,如此基於互惠互助而產生的綿密市集網絡,才是真正抵抗資本主義對農村進行掠奪與侵蝕的利器。若市集僅僅作為產／銷或城／鄉中介者而存在,則大型商業資本仍可能隨時對農夫市集進行收編、競爭與替代,正如之後的風氣,知名超商通路也開始大量收購、契作本地農產,並試圖將規格不一的本土農產標準化、工業化,則農夫市集初始以在地經濟、試圖建立小農經濟模式的精神,或將逐漸模糊。Kloppenburg 等人(1996)直言:「一個人如果認同自己對某個糧食集區的歸屬感,就會產生連結,和負起對該地域的責任。糧食集區可為我們提供生活在土地上、和來自於土地的、生理的、社會的立基所在,這個地方我們稱之為家,一個我們本該,或回復天性的地方。」

在彎腰農夫市集,農夫的社會網絡不僅是生產者消費者的兩端,而是綿密而行的小農交換社會基礎,進而在資本主義社會運行節奏中,撐出空間讓農友之間、農友與消費者之間發展細緻而穩固的人際鏈結。基於筆者於市集運作期間進行長達五年的行動研究,

自 2009 年彎腰生活節成立伊始，乃至後續固定營運，皆參與其中共同推動，並且協助彎腰農夫市集管理共議機制的建立，持續參與小農會議運作以制定市集運作原則。這些經驗使筆者得以第一線觀察彎腰農夫市集的運作，當然此一觀察也可能受限於個案經驗，而有所偏重。

彎腰農夫市集自 2009 年開始營運，以小農耕作自產自銷起始，後續發展出友善無毒、農藥與有害物質零檢出為進場擺攤標準。初期 2010、2011 年是以年度生活節的形式辦理農夫市集與系列活動，自 2012 年 3 月開始，以每月開市一次的頻率持續運作，期間市集亦於 2018 年嘗試在天母德行公園增加開市頻率。市集地點則受到城市空間的局限，以及場地租借方的規劃考量而陸續更換遷移。2010、2011 年在臺灣大學蒲葵道辦理年度彎腰生活節，2012 年搬遷至臺北寶藏巖國際藝術村。2013 年到 2015 年在臺北市金華街的政治大學公企中心廣場穩定開市，2016 年 6 月後搬遷至臺灣博物館南門園區，持續營運到 2024 年 1 月。彎腰農夫市集於 2024 年宣布改為每季辦理。然原定 4 月辦理場次受到 403 花蓮地震的影響，決議合併至 9 月辦理。至 9 月份，原定市集日 9 月 22 日的前一天，市集臉書粉專公告，9 月份因故取消[3]，「未來彎腰農夫市集是否持續舉辦、進一步動向，將於農友集體正式決議後再行通知。……基於外在情勢變化、各種內部動力與因緣，我們到了必須停下腳步，

---

3 網路公告參閱彎腰農夫市集臉書粉絲專頁公告連結（網頁連結日 2024/09/28）。

重新整理決定的時刻,給大家帶來不便,再次致歉。」

筆者自 2009 年初始的年度活動到 2015 年的參與期間,市集共計與 58 個攤位有過長短頻率不一的合作,因其農耕作物與產量的差異,每月攤位數 25 攤左右;日常擺攤數為 30 攤,初始希望以北部區域的菜農、果農及健康肉品為目標,但後來未能達成。詳細的市集運作機制,參照附錄一。

除了供應蔬果食品,彎腰農夫市集亦持續提供食農環境主題的手作體驗、講座論壇活動,預先開放消費者報名參加。活動原則上免費,但手作體驗的材料費則由報名者自行負擔。筆者彙整 2011 年 9 月至 2015 年 12 月的活動列表(附錄二),超過 140 場次,類型與主題初步概分為以下列表。

回應彎腰農夫市集創始的初衷與理念,市集行動者希望透過市集平臺促成協力互惠的社會鑲嵌,促進生產者與消費者,城市與鄉村的理解與對話,進而成為具有社會基礎的產銷連結平臺,並進一步達到 Kloppenburg 等人對於建立糧食集區的連結和歸屬感,進而負起對於該地域的責任的期待。市集辦理的活動類型與主題觸及廣泛、層次多元,嘗試從公民社會的角度,肩負起社會倡議的責任,從論述和觀點的引進和討論,到各地實踐者的經驗分享;從國際自由貿易對於農業生產的影響,到國內生產資源的資本掠奪,到年輕世代如何以藝術創作投入農村文化復興。辦理形式亦針對不同背景群眾、不同的興趣喜好者,提供各類參與方式,從靜態講座論壇、紀錄片放映與導演座談、音樂表演,到動態植物染、手作生活用品、盆栽與點心等,試圖透過多元的媒介與管道,打開與城市消費

者對話的空間,吸引消費者開始認識農村文化,進一步產生連結網絡。這不只是透過活動把人帶到農夫市集增加消費、建立市集內部的社會網絡,而是更深遠的,試圖改變社會大眾對於農業和農鄉的認知,深化社會經濟的價值。

表 6　彎腰農夫市集 2011.9 ～ 2015.12 現場活動主題彙整

類別	主題	場次與主題
農業與農鄉關懷	產地到餐桌	13 場次 校園在地食材推廣、食物里程、雨林咖啡、非基改黃豆推廣、慢食運動、參與式驗證、農產格外品、食品添加物……等。
	自由貿易	5 場次 自由貿易對臺灣的影響、美牛議題、臺灣糧食安全……
	生產資源	5 場次 土地徵收、農水搶奪、水梯田生態保育、農夫的公共參與、農舍議題。
	青年與農業	10 場次 各地青年返/進鄉的行動分享(高雄美濃、台南大崎、苗栗南庄、新北土城、宜蘭深溝等地)、農業文創、農業勞動力、夏耘訪調營隊成果分享、農村的文字報導與音樂……等。
	農業生產概論	5 場次 藏種於農、有機農業、國際家庭農業年、石化工業對農業的影響、城鄉連結十年回顧

新書發表	新書推廣	4 場次 棄業從農的生活實踐、產地小旅行、小農復耕、菜籃子革命
國際連結	青年國外體驗	5 場次 農民之路青年會議、志工旅行、德國有機農場體驗、西雅圖有機農場、青年紐澳農場生活
	國際觀點	5 場次 美國社區協力農業 CSA 實務經驗、古巴生態農業、法國農民聯盟、巴西無地農民運動
在地分享	農業前線觀察	16 場次 生產者、在地行動者的案例分享,包括:宜蘭青農、部落農業、合作經濟、雜糧復興運動、友善畜產、友善環境茶葉、蜜蜂與環境生態、甘蔗與黑糖……等
	生產消費小常識	3 場次 澎湖飲食文化、日曬海鮮乾貨、有機棉、農業新聞平臺
紀錄片放映與座談	小農復耕系列	6 場次 由臺灣農村陣線和浩然基金會共同執行的小農復耕計畫,在臺灣各地陪伴農友團隊找到適地適種的友善環境耕作模式。摸索過程拍為紀錄片與更多生產者、消費者分享,包括台東歷坵小米保種、高雄勤和部落香梅加工、雲林溝皂的友善環境米與花生、雲林北港的雜糧耕作、高雄美濃的芝麻復耕。

	農業與環境議題	7 場次 農業主題紀錄片放映與座談,主題包括:宜蘭行健村、新竹千甲社區、希臘小農、美國超市食品浪費、貢寮水梯田、建築與生態、泰緬邊境的婦女陪伴
生活與實做	永續生活模式	16 場次 生活分享、互動體驗活動包括野菜導覽、料理品嘗、主題生活分享、友善環境的居家清潔、永續環境的生活方式、廢油做家事皂、在地食材做異國料理
	實作與體驗	至少 40 場次 植物染、稻草編織、手做點心、綠手指盆栽、天然生活用品、體驗與導覽等

資料來源:筆者自行彙整

　　筆者參與市集期間已形成互助互惠、友善產銷的農友、工作者與消費者網絡,而市集固定探討農業議題、環境議題與教育議題,亦增加行動者對社會議題的參與程度,並且對農民運動參與者表示歡迎、持續扶持[4]。苗栗土地徵收大埔拆遷案中的女主人彭秀春,於家變後公開露面參加活動,便是在彎腰農夫市集販售手工薑糖、花生豆腐腦。凸顯農夫市集不只可以包含土地友善耕作、無毒種植的價值,也對社會議題保持開放學習、友善相挺的氣氛,從彭秀春

4　彎腰農夫市集開放議題攤位進場,明訂議題攤位數可占總數三分之一,此一考量在於維持農民市集的生產者主體性之際,也支持社會議題在日常生活中擴散。

的敘述得知，市集固定擺攤交織而成的綿密網絡與友善氣氛，使面臨農地拆遷壓力的個別農友，也能給予支持的力量。而舉重以明輕，連未必被社會所認同的「抗爭」活動，都能被市集「互助互惠」的氣氛所包容，一般農耕生產的困難、挫折、疑惑，也能於此獲得互相學習與支持的機會。

在高雄湖內專營無毒白蝦養殖的農友「阿麟嫂」蘇芳，在擺攤之後，認為「彎腰市集與其他一般擺攤市集的氣氛不同，大家人都很好，志工也很用心」。她會免費提供產品給予志工品嚐，甚至會向市集內性質相近的攤位購買海鮮水產加工品，而沒有任何競爭的硝煙氣息，只因為「別人的東西也很好吃」，即便同樣販賣的是總價較高的水產品，也認為在市集內的就是互相切磋、交流的朋友，不是互相較勁的對手店家。

參與市集的農友也會彼此交換各地風土農作，分享耕作的經驗與心情，形成各自的友朋與消費者社群，在竹南崎頂種有機草莓的謝文崇提到：「每個人有自己的想法，像我是比較不會 care 別人想法，會覺得回去這塊土地，很自在、很快樂，就算辛苦，也覺得應該要做這件事情。噴農藥，噴到身體都不好了，農藥也不便宜啊，我們可以用別的來取代，把土地弄好，慢慢把觀念改變。我現在請人，自然是希望看農村能不能創造更多價值。但也要看生產技術成熟，通路也 OK 了，然後再想要我們那邊的地不要荒廢，引進年輕人，讓年輕人來農村裡當農夫，又可以解決他們的生計，也可以創造出農地的價值（謝文崇 2013 年訪談）。」不只關注土地、關注青年參與，謝文崇也經常的提供手作的草莓果醬給消費者及農友品

嚐，並邀請大家到產地參加採草莓活動。

來自雲林北港的雜糧生產者蔡得黃，外號菜刀，生產黃豆、黑豆、玉米筍和葉菜。他說：「我本來就是個很另類的人，左鄰右舍會不會對你的（無毒）做法有特別的看法[5]？會啊，會講。但是笑笑就算了，我是不太會去在意這種事情的人。……現在已經有 2.6 甲的稻米，我第一年才 5 分，去年 1.5 甲，今年（2012）就擴張到 2.6 甲了。可能還會繼續增加（蔡得黃 2013 年訪談）。」黑豆黃豆等雜糧生產之外，蔡得黃往往會把新鮮的玉米、地瓜及各類蔬菜帶到臺北，於彎腰市集互相交換互相分享。

彎腰市集共同推動者陳芬瑜指出：「彎腰農夫市集作為一個溝通理解的平臺，對於習慣傳統通路的農友來說，感受特別不同（陳芬瑜，2014，頁 47）。」例如高雄市桃源鄉勤和部落的 Savi（高秀英）長期種植青梅，採收之後被或不被盤商收購，生活困境頻頻。八八風災之後她初聞梅子加工班，認為原住民婦女沒這個經驗，後來實際參與梅子加工班並擔任班長。2011 年 10 月加工班農友一起北上到彎腰農夫市集。Savi 接受訪問時提到她對市集的感受：「到這邊來買的人就是相信我們是真的、無毒的，是真心要買我們的東西的，不會像外面（一般市場）買東西會討價還價。」這與她

---

[5] 在農村地區，生產者要投入無毒有機農法，除了成本增加、轉型期的收入風險，經常還有來自家中長輩、社區鄰里的社會壓力，包括對於種植方法、市場和銷售通道的質疑。此外，由於大部分的農業生產土地已習慣使用農藥、肥料的耕作方式，若生產者決定減量用藥，可能會增加該地後續病蟲害管理的成本，部分出租的地主擔心後續管理不易，或影響到周邊田區的生產環境，會持反對意見，甚至不續租來表達反對立場。

過去的生產交換經驗非常不同。而對消費者來說，彎腰農夫市集提供了各式互動的可能連結（陳芬瑜、蔡培慧等，2014，頁47）。取得梅子工坊的經驗並不容易，更難能可貴的是，2010年起，Savi及伙伴積極到各個地區分享實作經驗，並且推廣梅子加工到其他原住民地區。

三、農民自主運作

　　農夫市集的運作有必要促成農民的自主管理，此一理念倒不是哪些人當主管的管理問題，而是基於對糧食集區的歸屬感。這並非只是生產與交換的過程，而是如同小農交換的社會基礎所強調的，在於重振農村社群的理念與連結。也就是身處其中的人長期以來所形塑的思維與人際互動。

　　彎腰市集強調共管與互惠。多次農友會議商定的彎腰農夫市章程中言明：「市集成員必須主動互相幫助支持，不可有『被服務』之心態」。市集營運的各項規範的議定與討論，分有三個層面：第一個是全體攤位與合作團體全員參與的一年一次的農友大會，第二個則是每個月市集營運日召開的工作會議，第三個則是由彎腰農友代表（五名）、浩然基金會代表（一名）、台灣農村陣線代表（一名）共同組成「市集共同管理委員會」，議定市集走向、攤位邀請、進退場機制、產品檢驗，以及公共議事與農意識闡揚等種種事宜，並且提交工作會議確認。前面兩種類型的會議紀錄透過網路向所有參與者公開，並且機動回應即時的議題。

以 2013 年 11 月 17 日市集農友工作會議為例,該場會議的討論項目之一是市集販售品項的抽檢機制,以回應社會大眾持續關心的食品安全議題。該日會議紀錄如下:

2. 為回應近來食品安全議題,彎腰對於攤位品項的把關與檢驗需加快腳步。關於食品安全規範:
   A. 現場表決決議通過:各攤位(尚未經過有機或有機轉型)自行生產的原料全面進行無農藥殘留檢驗。
   B. 現場表決決議通過:各攤位販賣項目需固定下來,每半年或每季提供一次販售清單(確切頻率依行政作業量再討論)。
   C. 尚未使用有機或提供原料說明的加工食品,市集可提供諮詢與協助,協助轉型。
   D. 加工品抽測與販賣原則,於後續會議討論。
   (中略⋯⋯)
5. 今日送驗項目:
   A. 農藥殘留:香菇(寒溪)、奶油白菜(大埔)、川七(貢寮)、桃園 3 號米(水賊林)、台中秈 10 號米(花田厝)、花生(花田厝)、黃豆(花田厝)
   B. 黃麴毒素:花生(花田厝)
   C. 防腐劑、過氧化氫、大腸桿菌、甲醛:干貝醬(海風野味)

該場會議之前,市集原以每月輪流抽檢農產與食品攤位品項,

但 2013 年臺灣社會爆發數起食品安全問題事件，包括食用油、化製澱粉、雞蛋殘留動物用抗生素等，引發民眾對於食品安全的高度關注。受到社會氛圍影響，市集決定在既有的抽檢制度下，採取更積極的作法，向攤位隨機採樣當日販售的主要農產品或加工品，並且要求攤位往後需固定販售品項，並表列方便管理。

將販售農產品、食品送檢驗是小型農業生產者對消費者承諾的具體防線，加以訊息透明，公開討論，市集農友工作會議雖僅僅利用空檔一小時，卻也能有效的回應重大議題。透過此案例，可以看出市集作為社會整合行銷的平臺，其有效運作的信任，正是在此類具體的、一次次的討論中形成的。

彎腰農夫市集期待發展為「農民自主經營」。市集運作強調共管，2014 年 6 月 15 日的會議紀錄這樣寫道：

> 每月的農友工作會議，希望各攤位都能踴躍來開會，參與、了解市集運作的重要資訊。在制度上有所堅持，同時也會針對擺攤的農民先行產地拜訪，以確認農產品的來源及適當的生產環境。農友工作會議討論是廣泛的討論過程，同時也是所有成員分享知識及釐清彎腰市集核心要素的會議。

當然也涉及在現代性的衝擊與鄉村性的權衡。在此以彎腰農夫市集是否接受更多「網路平臺或商販平臺」類型的申請者來擺攤的討論為例。2014 年 09 月 12 日在「市集共同管理委員會」的群組信中，一位來自新北市有機農業生產者，在市集討論會上提及：

我們是否應該先探討的是對於整個市集定位，我們的定位在哪裡？

1. 我們需要的是消費者可以透過市集，直接跟農友接觸，了解農友的理念，種植方法，讓消費者直接的和生產者來對話，購買？

2. 還是說如同有位伙伴說的，增加整合型的平臺來銷售，品項豐富，消費者可選擇性也相對增加？

彎腰在農夫市集裡，已經有相當的好評，讓很多人想加入我們的市集行列，站在一個小農的立場上來說，大部分的小農可以少去中間商的抽成來銷售自己的農產品，相對來說，在實質的幫助上是不是會大一點。

再者，目前彎腰以小農居多，如果新增加了整合型的平臺，整合型平臺品項豐富，消費者可以在一個攤位就購足所有的農產品，那是否會影響到現有小農的情況？

且整合型平臺銷售的種類多，畢竟平臺不是生產者，他要如何把關，這又是一個問題的存在，是他們自己去控管，還是說，他們所販售每個小農的產品，彎腰也要去對每個小農都做場勘，看每個小農的生產方式，如果每個小農都場勘，那直接找小農來擺攤不是又變得更好？

從前述意見可以看出，小農對於直接與消費者溝通的價值的看重，同時在農民的經驗中顧及與商販的互動，因此對於她並不熟悉平臺如何運作一事提出更多討論。

農夫市集自主運作漸次形成「開會議事、實際拜訪、擺攤協力」等程序。面對新成員申請加入，彎腰農夫市集並未完全以書面資料或有機認證作為唯一資格，而是建立在彼此的信任和理解上，期待關係的建立是平等、可持續的，除了維持生計的貨幣交易，能進一步形成社群支持的網絡。因此，「彎腰的 Q&A：……入選的申請者會受邀到市集農友會議做簡報，包括自我介紹、務農的理念、田間管理方式等內容。取得現場三分之二以上農友的支持，工作小組會與市集農友進一步到產地實際拜訪。拜訪後共同決定是否接受申請，允許進入市集擺攤。從申請者提出書面資料，到實際進入市集擺攤，通常會需要三、四個月的時間」（陳芬瑜、蔡培慧等，2014，頁 162）。

　　彎腰農夫市集以獨特的社會連結、彼此支持、甚至公共議題討論的氛圍，吸引具有理想性的學生志工，共同管理委員會亦有意識地提倡「集體共決」與「互助合作」氣氛，並納入理念型攤位，使生產者與行動者經歷培力（empowerment）過程，對市集有認同與向心力，以此堅實的網絡面對消費者，進行人與人的直接接觸，交換各地不同風土氣候對農作物的影響，也分享農耕過程的喜怒哀樂。這不乏許多認同理念的常客，追隨市集遷移，一路從臺大、寶藏巖、政大公企中心，到之後的臺灣博物館南門園區，彎腰農夫市集如同是在村落建立的地方市場經濟與一般大型通路之外的產銷網絡，納入農友共決機制與社會關懷理念，嘗試以社會經濟、農友連結，突破大規模產銷通路的限制與擠壓。

四、從土地到餐桌真實交流

　　於 2024 年的今日，主流思維仍以資本積累與擴張為當代經濟社會的正文，其作為當代經濟生活結構，超越個別農民的生活尺度與理解範疇而運作，讓農民陷入越辛勤勞動卻越窮苦、不斷地被拋置在現代社會邊緣的感受。以農村美濃早市的消費慣習為例，過往居民多早起到田裡勞動，購買早上七點前便銷售一空的在地美食木瓜粄，但隨著農耕者日少，循現代朝九晚五的勞動節奏而安排生活者日多，許多人再也無法早起購買一塊 15 元的木瓜粄，而是必須向財團開設的便利商店購買 25 元的飯糰，更有甚者，是農村居民自己也不自覺地認為便利商店的商品是城市貨、高檔貨，主動選擇消費財團銷售的農產品與食品，讓在地居民的經濟基礎日漸流失。資本主義作為經濟社會制度，以身體／時間勞動安排與意識型態的雙重運作，使原有的在地經濟生活發生斷裂，介入並壟斷產銷鏈結，也擴張其自身資本積累的場域。隱藏於此一正文之下而未曾間斷的伏流，一直都是小農生產、以人際差序格局為基礎的互助合作的在地經濟所支撐。

　　這些隱而不顯卻從未間斷的生產關係，被排除在現代國家統計與治理技術之外，始終未獲正面肯認與納編，讓半世紀來的臺灣小農生活格外艱辛，卻也在今日保留未被徹底馴服的抵抗希望。筆者認為接下來「農」行動者的重點，應在仔細辨明此兩種經濟模式的異同，明確而大力支持以鄉村社會人際模式為基礎的生產／運銷關係，結合各式行動者，重新支撐起在地經濟的多元鏈結。

2015年4月20日彎腰農夫市集的年度農友會議中,每一位農友分享參與彎腰的心情,透過這些文字,我們更深刻的理解市集不是交換農產品,而是建立起彼此的關係。

　　來自高雄市桃源區的「桃源香梅」,以梅子加工品為主要販售產品的攤友特別提起2010年10月北上的經驗,她說道:「(從部落到臺北)浩浩盪盪包中型巴士,有20幾個人是第一次參加市集擺攤,所以非常稀奇又害羞。」

　　來自苗栗海線鄉鎮的「苑裡掀海風」,帶著苑裡特有的藺草編織工藝品來到市集,與會代表分享鄉親來市集教手作體驗的感想:「苑裡阿姨來彎腰做藺草編織,與客人互動中得到鼓勵與刺激,覺得感動,人與人之間的互動,很有力量。……第一次來彎腰體會到,可以好好聽人說話,自己可以好好說話。」

　　「野上野下」是三位投入農村文創的年輕人所成立的品牌,當時以高雄美濃為據點:「終於成功說服雪梅姐(高雄美濃小農,種植紅豆、葉菜)來(市集現場),看她長出了自信。[6]」

　　「快樂樂生」是彎腰農夫市集的議題攤位之一,由青年樂生聯盟的成員輪班,長期在市集擺攤,向社會大眾述說樂生療養院保存運動的精神與故事。樂青也會邀請樂生的阿公阿嬤到市集走走。他們表示:「陪阿公阿嬤到市集兩次,謝謝大家的照顧之外,阿公和阿嬤採買很開心,說故事也說得很開心。」

6　野上野下除了農村文創品,也代售當地小農的農產品,雪梅姐的紅豆便是其中一個品項。野上野下曾經邀請雪梅姐從美濃到臺北彎腰農夫市集,教大家做紅豆粄,也看看銷售現場與消費者的樣貌。

在新北市土城區土城彈藥庫的「輝要有機農場」，主人邱顯輝與余月玲夫婦是典型的家庭農場生產多樣化的葉菜瓜果，之後兒子也投入生產，還學做窯烤麵包。余月玲說：「政大（公企中心）第一次市集日，澳洲來的客人[7]……殺殺殺……價！我用感情軟化他的殺氣，彼此變成好朋友。」

「小村六戶」是一群從城市移居花蓮的青農組合，最初期有六戶人家，販賣品項多元，稻米、手工皂清潔用品、文創商品，他們說：「彎腰市集的彈性包容（議題），創造了小村六戶，從未想過擺攤擺到今天。」

在地經濟的概念並不僅以實體地理空間為限，而是一個流動的概念，端視其能擾動、影響的經濟社會範圍，構築跨地域的「在地」可能性，只要願意先與生產者建立真實人際鏈結，再進行農產消費，而不僅要求低價優質又安全的商品為尚的消費者，都是構成在地經濟的一分子。本文以彎腰農夫市集為例，來自臺灣四面八方的農友，不但透過彼此的交流，了解各地迥異的生產環境與農耕文化，也構築了堅實的人際網絡支持，並以共同決策機制為主體，納入企業、學生、社會運動行動者，共同支持每月固定發生的農夫市集，做為在地經濟的實踐與循環場域。在 2015 年的農友會議上，一位生產者分享這句話：「在彎腰從很多人身上學習到正義公平，讓我更堅定一件事，只要是做對的事：『勇敢無懼』」。透過這些擺攤者的分享，我們得以理解，食物的蘊涵與土地的美好正從改變

7　臺語的「奧客」的趣味說法，表示不好相處、要求甚多的客人。

生活開始。

彎腰農夫市集近年的運作仰賴農友自主積極連結，不過因為消費效益低於預期及人力不足其經營方式有其難題。目前觀察到農夫市集營運面臨了結構難題，至少有五項，第一，電商興起，多數消費者習慣透過電商採購生活用品及農產品；第二，都會區適合營運的地點難覓，農夫市集的交通便利性、主力消費者是在地居民還是遠道而來的關心者會決定實質採購的效益；第三，極端氣候使夏季氣候越發炎熱，影響新鮮產品的保存，偶發的暴雨也會影響消費者出門購物的意願；第四，疫情改變了許多人的飲食習慣，都市消費者偏好食物半成品，以利快速上菜。第五，農夫市集的消費者傾向雙向食農教育體驗課程，而不是單向的採購。

農夫市集的運作充滿了社會力量，對系統化工業化生產的反省，對於食品安全的把關食物健康的期待，承載傳統農法、農藝、人與土地、人與人的連結，隱隱然抗衡壟斷資本建置國際農糧體制，農民與消費者自主的迎向自然生態，理解認識區域性、地方性的農耕模式，支持小農、小店、小商家。農夫市集的消費視為支持小農，支持地方產業，儘管起起落落此消彼長，因為網路科技興起的虛擬世界、物聯網造成的消費型態改變，直接影響了實體商店的經營，此一變化仍在進行中，特別是 AI 世代即將形成，此一觀察有賴後續再行研究，且讓筆者以「內容不變，形式再改」作為現階段註腳。

附錄一、彎腰農夫市集的運作機制（2014 年）[8]

一、市集運作機制

1. 邀請友善攤位原則

1.1 彎腰農夫市集期許我們能夠有一個更美好與健康的環境，包含了農業生產、消費，以及自然的美好環境。而友善攤位做為市集中不可或缺的角色，我們希望能夠邀請有以下堅持之生產者，前來共同參與彎腰市集。

- 農產直接生產者與其加工品／小農優先；友善環境、土地、消費者的農產品開發者，或對友善土地有幫助的相關生活民藝品亦歡迎加入；
    A. 一般蔬果或加工品來源生產需採環境友善方式，使用對環境及土壤友善的資材，不使用農藥與化學肥料，且不使用除草劑、落葉劑、防腐劑（加工品部分）等會造成環境破壞、影響人體安全的藥劑；並不生產與販售基改農產品。
    B. 葉菜、穀物、水果類農友需取得其主要產品 N.D.（未檢測出農藥殘留），若有申請有機或有機轉型期認證可以相關證明取代。且基於生產過程的透明化，需附上果樹

---

[8] 運作與申請機制大原則不變但持續更新，最後更新的版本為 2017/06/10 下載連結（網頁最後連結日 2024/09/28）

雜草防除、肥培管理與病蟲害防治過程說明。

C. **水畜產品類**農友亦需將其主要產品送至合格檢驗單位認證，取得無毒證明，且需說明其養殖管理方式。（水產類產品至少需符合甲基汞、鉛、鎘等重金屬安全殘留範圍，以及無防腐劑殘留；畜產類產品需提供動物用藥殘留等 N.D. 證明）

D. **農產加工品**需說明原料成分、來源、產地，並主動提供該原料之無毒或安全證明。進入市集後，市集共管會會不定期辦理抽驗，以確保該產品符合無人工添加物的安全原則。

E. **生活民藝品**需說明原料成分、來源、產地，建議提供生產流程相關資料，並符合公平貿易之精神。

F. **友善通路型攤位**需標示販售物之貨源取得管道、產地，並自律規範販售物之品質與相關檢驗程序。

G. **理念型攤位**若有販售農產或加工品，亦須遵守以上規範。

- 各攤位需販售自行生產之農產品或自行製造之加工產品，並清楚標示原料成分、來源、產地於各攤位；勿代售不符合原則之產品破壞市集信任，如有發現或經他人反應，則必須要根據退場機制進行處理；

- 各攤位需固定販賣品項，並提供販賣項目清冊，每半年更新一次，勿買賣清冊以外的產品項目；

- 為維護產品多樣性與降低競爭，請參考彎腰農夫市集部落格的農友聯絡簿，工作團隊將優先以生產市集尚未擁有之品項

的農友為優先參與評估；
- 願意親自與消費者溝通，誠實並仔細的介紹攤位所提供的各種農產加工品，並且樂意分享農作經驗和理念；
- 願意讓我們一起共享一個更美好與健康的環境。

1.2 在彎腰的脈絡下，希望能夠容納我們所處的這個社會中的眾多不同聲音，除了透過消費力量來讓環境更好、生產者更有保障，也期許可以透過連結各種社會議題來擴大我們對社會的關懷和對彼此的包容。因此，我們也歡迎NGO團體、友善環境團體申請擺攤，來進行非營利性質的活動與理念推廣。然，理念型攤位與在地的連結及販售品項與議題的關聯性，仍需由共管會了解後協助判斷。

1.3 由浩然基金會小農復耕計畫支持之農友可優先參與市集，但由工作團隊與共同管理委員會邀請的攤位數量不得超過攤位總數的三分之一。

2. 彎腰市集工作團隊和共同管理委員會

由台大穀雨社、浩然基金會專案人員、農友組成，共同協力制定市集規劃與安排，以及管理市集公積金。彎腰市集每年召開兩次農友大會，討論整體的規劃與發展方向，攸關各攤位的參與權益，因此各攤位均需派代表出席。

此外，彎腰市集每月固定編輯市集公報，並於市集午間召開工作會議，討論營運行政事項、接受新申請農友簡報等事務，各攤位需派代表出席。當日未能擺攤參與者，可參考市集後寄出的工作會

議紀錄。

市集共同管理委員會（簡稱共管會）由彎腰農友代表、市集工作者、臺灣農村陣線代表、台大穀雨社代表共同組成。非市集期間，需固定運作之行政事務與新農友申請的初步篩選由共管會代為運作。

3. 友善攤位申請程序

若您認同彎腰的理念，符合以上原則，也想加入彎腰的行列，請見申請程序。

1.1 遞交申請書，經過共管會初審

詳閱以下說明後，填寫「2014彎腰市集申請書」（見附件一），或至彎腰農夫市集下載相關申請文件，填寫完畢將資料送至市集聯絡人，由市集共同管理委員會針對申請條件進行初步評估與篩選。

評估的標準包括以下：

- 參與標準（必要）：直接生產者（小農為主）、友善耕作（無毒檢驗）、農產品開發者或相關商品（友善環境、土地、消費者）
- 參考標準（加分）：特色產品、品項不與既有重複、理念接近

1.2 參與彎腰，爭取農友認同

邀請第一階段篩選出的申請者參與市集、感受市集氣氛，於市集當日與彎腰農友互動，在農友會議中介紹生產理念與販售產

品，需取得現場三分之二以上彎腰農友的同意，才可進入下一階段。

1.3 產地拜訪

由市集工作團隊與區域鄰近彎腰農友進行產地拜訪，進一步了解申請者的生產、製造過程，進行最後的審核，確認後即可加入彎腰市集。

4. 友善攤位參與規範

市集成員需相互幫忙與支持，無論您是生產者、友善團體或學生志工，請記住在市集中，我們就是工作夥伴，碰到任何問題要主動向彼此詢問，切勿有「被服務」的心態，如有需要幫忙也請絕對不要客氣。

若生產者對於邀請原則與參與規範有所規避且屢勸不聽、不願合作者，得依照攤位退場機制進行解約。

4.1 簽署合作協定

友善攤位需於加入後詳實填寫合作協定，以示對生產理念、生產過程、產品品質、推廣信念，與消費者信任的負責，以及對市集運作機制的認同與配合。簽回合作協定副本後，始能夠成為市集一員，請勿任意違背合作協定。

4.2 販售生鮮農產品之認證標準

葉菜、穀物、水果類農友需取得其主要產品 N.D.（未檢測出農藥殘留），若有申請有機或有機轉型期認證可以相關證明取代。且基於生產過程的透明化，需附上果樹雜草防除、肥培管

理與病蟲害防治過程說明。其餘項目則依友善攤位邀請原則辦理。

4.3 遵守場地規範

參與市集擺攤之友善攤位（農友、生產者、友善團體）以及工作夥伴等，需遵守場地規範。若經市集工作人員規勸不願配合，嚴重、累犯者將不予續約。

- 禁止於場地內抽菸、大量飲酒、大聲喧嘩；
- 禁止蓄意破壞場地的設備、物品與草木；
- 禁止改裝原有設施、損害原有建築物，可拆卸及移動之場地佈置設施，需於市集結束後恢復場地原狀；
- 禁止擅接或改變電源線路、不當使用相關設備或危害公共安全；
- 各攤位需維護場地的清潔，結束後需將所有垃圾與遺留物清空；
- 如有停車需求需至場地附近有效停車場妥善停車，不得以參與彎腰市集名義停放車輛於無效停車位（停車資訊與費用可詢問市集工作者）。

4.4 市集攤位位置

顧及攤位位置的公平原則，每次的位置分配依照大致順序，以販售品項類別相近分組，輪流變換位置。

4.5 市集攤位資料夾

市集當日，每攤位會有一個市集資料夾，內含每月分公報、攤位資料表、上一月分的繳費收據……等文件，資料夾為彎腰市

集工作團隊與各攤位合作之記錄存檔，包含市集公報（報告市集營運情況與公積金收支情況與累計金額）、每月攤位設備需求與擺攤狀況回報⋯⋯等。每月公報可由各攤位自行帶回保管。

市集結束前，各攤位需將市集資料夾（含攤位資料表需與當月份營運管理費）一同繳回服務台志工處。各攤位資料表將作為市集營運參考之基準，不得任意外流。

4.6 繳交營運管理費

友善攤位按參與規範繳交之營運管理費，用於交付清潔公司與其他必要用途，溢收則全數做為市集長期營運之公積金。市集日結束前請各攤位將攤位資料表與當月份營運管理費交給現場服務台工作人員，並領取繳費證明。

4.7 各友善攤位欲參與當月份市集，需至少於市集前一周回報當次市集欲販售產品，以利進行市集整合宣傳。

4.8 友善攤位需於攤位上擺放聯絡資料，提供消費者直接的聯絡資訊（姓名、電話、地址⋯⋯等）。

4.9 市集硬體設備

每一攤位配給之設備包含3*3平方帳一頂、長桌（183cm*76cm*74cm）一張、椅子三張、展示木架與木盒一組、攤位排一片、桌布一條、110V伏特電源（需支付用電規費）。各友善攤位需妥善保管市集之設備，若經共管會人員查證為蓄意破壞者，應說明原因並照價賠償。

4.9.1 市集場地佈置

市集開市時間為 10:00 ～ 17:00，9:00 可開始攤位擺設與佈置，18:00 前清空攤位。各攤位需自行領取硬體設備，並協助歸還與回復場地。每月安排兩攤值日生，需協助收納公共區域設備。

4.9.2 單次承租設備

單次承租設備包含 3X3 平方帳、110V 伏特電源（攤商需支付用電規費），由浩然基金會支付。

4.9.3 固定設備

每一攤位可使用長桌一張、板凳三張、展示木架與木盒一組，均為浩然基金會財產，各攤位需妥善保管，嚴禁蓄意破壞。各攤位可長期承借桌椅或木架器材，惟需與市集簽訂桌椅使用備忘錄，並負擔期間內之維管責任。

4.9.4 桌巾

每一長桌附有有機原棉胚布色桌巾（180cm*150cm）一條，由各攤位與浩然基金會各負擔一半金額，桌巾歸攤位自行使用與保管，遺失損壞責任自負。為營造彎腰農夫市集之整體氣氛，各友善攤位需使用本桌巾，佈置桌面。

4.9.5 其他項目

市集現場尚有水槽（置於警衛室後方）以及 20 個小碗（置於服務台）供攤位使用，使用完畢後請歸還，並協助維持清潔。

4.10 攤位違反市集邀請原則與參與規範而離開市集團隊者，對外不得以彎腰農夫市集名義進行販售。

5. 市集公積金

生產者按合約繳交之營運管理費，用於交付市集必要用途，溢收則全數做為市集長期營運之公積金。於**每月份公佈於彎腰市集公報**。

5.1 收費標準
- 繳交一攤位一日 500 元之營運管理費。
- 有用電需求之攤位每日需多支付 200 元用電規費。
- 主辦單位、由主辦單位支持，或經評估情況特殊者，可免收費。

5.2 繳交費用時間

營運管理費則由每月份市集日結束前，連同攤位資料夾一起繳回服務台，繳費證明會放在資料夾裡，下一月份領回。

6. 攤位退場機制

生產者因不可抗因素，或無法履行合作協定之內容，該攤位可自行退出彎腰市集；違反市集運作機制，或經他人投訴有嚴重影響市集運作，屢勸不聽超過三次者，得由管委會決議強制該攤位退出彎腰市集。

攤位退場時，不予退還已繳交之公積金款項，如有特殊狀況可與共管會討論，若對退場相關情況有爭議時，**以工作團隊最終決議為主**。

第 5 章 彎腰農夫市集

2014 春季彎腰市集新農友申請與審核流程

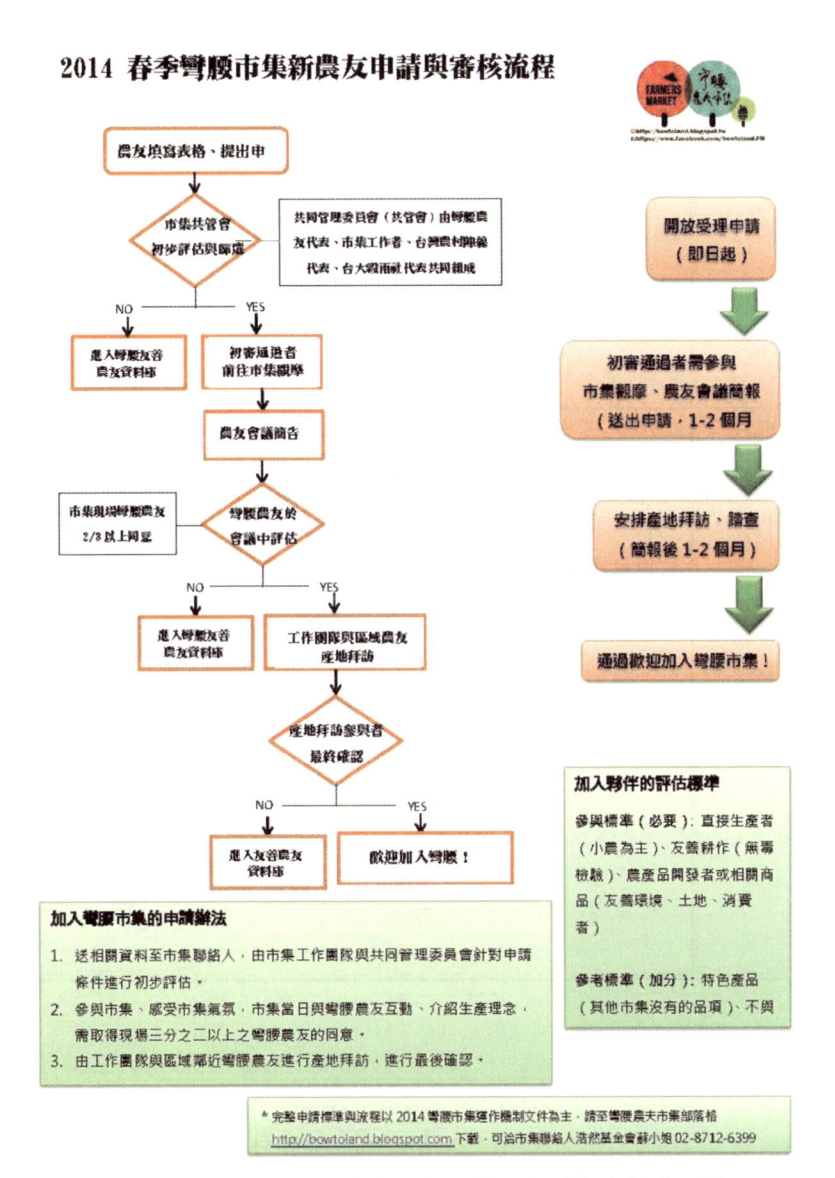

[流程圖內容：]

農友填寫表格、提出申請
↓
市集共管會初步評估與篩選 — 共同管理委員會（共管會）由彎腰農友代表、市集工作者、台灣農村陣線代表、台大穀雨社代表共同組成
- NO → 進入彎腰友善農友資料庫
- YES ↓

初審通過者前往市集觀摩
↓
農友會議簡告
↓
彎腰農友的會議中評估（市集現場彎腰農友2/3以上同意）
- NO → 進入彎腰友善農友資料庫
- YES → 工作團隊與區域農友產地拜訪
↓
產地拜訪參與者最終確認
- NO → 進入友善農友資料庫
- YES → 歡迎加入彎腰！

[右側流程：]
開放受理申請（即日起）
↓
初審通過者需參與市集觀摩、農友會議簡報（送出申請，1-2個月）
↓
安排產地拜訪、踏查（簡報後1-2個月）
↓
通過歡迎加入彎腰市集！

加入夥伴的評估標準
參與標準（必要）：直接生產者（小農為主）、友善耕作（無毒栽種）、農產品開發者或相關商品（友善環境、土地、消費者）

參考標準（加分）：特色產品（其他市集沒有的品項）、不與

加入彎腰市集的申請辦法
1. 送相關資料至市集聯絡人，由市集工作團隊與共同管理委員會針對申請條件進行初步評估。
2. 參與市集、感受市集氣氛，市集當日與彎腰農友互動、介紹生產理念，需取得現場三分之二以上之彎腰農友的同意。
3. 由工作團隊與區域鄰近彎腰農友進行產地拜訪，進行最後確認。

* 完整申請標準與流程以 2014 彎腰市集運作機制文件為主，請至彎腰農夫市集部落格 http://bowtoland.blogspot.com/ 下載。可洽市集聯絡人浩然基金會蘇小姐 02-8712-6399

圖 8　2014 春季彎腰農夫市集新農友申請與審核流程圖

二、市集申請書

2014 彎腰農夫市集申請書			
基本資料	申請/聯絡人：	農場/單位名稱（將以此名稱製作攤位牌）：	
	聯絡地址：		
	聯絡電話：		傳真：
	電子信箱：		
	農場/單位網頁：		
參與彎腰	1. 2014可參與彎腰的日期（一日一攤需繳交500元營運管理費） 請注意：從繳交申請到進入市及擺攤中間可能間隔2-3個月 〇 3/16、4/20、5/18　〇 6/15、7/20、8/17　〇 9/21、10/19-20 〇 11/16、12/21、1/18 2. 攤位是否用電　□是　　□否　（用電每日需多支付200元規費）		
耕作、經營理念			

預計販售（推廣）項目	販售（推廣）項目				
	• 若項目太多，可自行增加表格 • 請依市集運作機制對各類產品的友善規範，提出相關檢驗或說明作為附件				
	產品項目	規格	單價	產期	相關檢驗或說明
	例：A菜	1把	20元/斤	12~3月	葉菜類有機轉型期，證明如附
	例：醃剝皮辣椒	1罐	200元	全年	主要的辣椒購買自主婦聯盟
	例：鵝絨耳扒子	1支	150元	全年	台南後壁菁寮，手工作
其他	是否參與其他農夫市集或友善通路 □是，_____ □否。				

彎腰市集相關注意事項
1. 申請人已詳閱彎腰市集運作機制，並同意配合進行市集之運作，不任意違背相關規範。
2. 如市集日遇颱風等不可抗拒因素，由主辦單位提前通知攤位是否暫停舉辦，並於現場與網路公告知會消費者。
3. 因市集為一日規劃，請攤位務必衡量農產品之保鮮措施，以維持新鮮並減少損失。
4. 工作團隊保留變更、修改市集運作機制與相關規範的權力，同時也應盡保障各攤位利益的責任，如攤位對工作團隊有任何建議得於工作會議，或農友大會中提出。

申請人簽章		彎腰工作團隊簽章	（彎腰團隊填寫）
		申請日期：103年　　月　　日		

附錄二、彎腰農夫市集現場活動列表（2011.9-2015.12）

類別	主題	講座題目
農業與農鄉關懷	產地到餐桌	• 宜蘭中小學在地食材推廣計畫｜大宅院友善市集發起人李寶蓮（阿寶） • 不僅僅是果腹－從產地到餐桌的食物旅程｜賴青松（穀東俱樂部創辦人） • 這次，和你談咖啡｜雨林咖啡創辦人吳子鈺 • 破裂的食物網｜綠色陣線協會理事長吳東傑 • 全球為何反基改｜吳東傑（綠色陣線協會執行長） • 不只是慢活與有機的－慢食運動｜Nelson & 光爸 • 有機驗證外的可能－參與式認證的嘗試｜主婦聯盟施宏昇、台大生傳所陳玠廷 • 就靠你這張嘴｜劉志偉（美援年代的鳥事並不如煙作者） • 餐桌上的幸福｜陳曼麗（主婦聯盟環境保護基金會董事長） • 格外也可以很好吃｜許博任（臺灣農村陣線研究員） • 餐桌上的永續海洋｜陳麗淑（國立海洋科技博物館助理研究員） • 食品的化妝師－好吃又好看的秘密｜魏誌中（主婦聯盟生活消費合作社解說員） • 手做味噌教學－從非基改黃豆談起｜吳瑞蘭、劉玲琳（主婦聯盟搞非基志工小組）
	自由貿易	• 反自由貿易的浪潮──反思臺灣農業的困境｜臺灣農村陣線 陳思穎 • 美國牛肉與鴉片戰爭｜蘇偉碩（消基會衛生保健委員會委員、精神科執業醫師）

		• 自由貿易要把農民逼向何方－WTO、ECFA、自經區 TPP｜蔡培慧（世新大學社發所助理教授） • 貿易自由化對臺灣農業的影響－從自經區談起｜陳吉仲（中興大學應用經濟系特聘教授） • 全球貿易下的臺灣農業與糧食現況｜陳吉仲（中興應經系特聘教授）
	生產資源	• 土地正義，一場未竟之戰｜臺大穀雨社 • 水去哪裡了？｜彰化溪州在地工作者 • 從水梯田生態保育看農地多元價值的保存｜人禾環境倫理發展基金會方韻如 • 農夫們的公共參與｜洪箱（苗栗灣寶農園主人） • 土地的價值：農舍或良田？｜李寶蓮（守護宜蘭工作坊發起人）、陳平軒（臺灣農村陣線專員）
	青年與農業	• 青年返／進鄉——農村裡的可能｜野上野下周季嬋 • 來自土地的設計｜連偉志（美濃野上野下成員）、林明樺（農農文創） • 當我們在大崎村——藝術深耕農村｜王鼎元（MIGA 藝文空間店長） • 南庄，青年行動中｜邱星崴（老寮 Hostel 創辦人）、曾為科（南庄農會辦事員） • 在農村，與阿伯阿姆一起工作｜吳佳玲（宜蘭小田田工作室）、待公布 • 土城次世代－我的田園新生活｜陳玉子（土城勤篤農場）、林雅婷（劉老師自然教室）｜主持黃仁志（台大城鄉所博士候選人） • 農業勞動在哪裡？｜吳榮杰（台大農經系教授兼系主任）、盧傳期（雲林百大農青） • 青年如何進鄉？談夏耘農村訪調行動｜林育賢（果農）、李威寰（清大中文系博班研究生）｜主持李安慈（臺灣農村陣線專員）

		• 泥水黏腳：人與土地的故事與詩歌｜胡慕情（記者、文字工作者）、黃瑋傑（音樂創作人）
	農業生產概論	• 藏種於農：談農民保種運動｜郭華仁
• 漫談臺灣有機農業的前世與今生｜陳玠廷（南華大學跨科際問題解決導向課程計畫專案教師）
• 國際家庭農業年：臺灣的小農在哪裡？｜吳勁毅（東華大學人文創新與社會實踐中心博士後研究員）
• 圍庄－石化工業包圍下的三農歌詩｜鍾永豐（詩人）｜主持蔡培慧（世新大學社發所助理教授）
• 城鄉連結十年回顧｜馮小非（上下游 News & Market 創辦人）、張正揚（高雄旗美社大主任）、賴青松（農俠）｜主持蔡培慧（世新大學社發所助理教授）
新書發表	新書推廣	• 有田有木，自給自足：棄業從農的生活實踐｜諶淑婷、黃世澤、小東河光之家族
• 澎湃！來去產地小旅行──聽，農家媽媽的大地暖心事｜古碧玲（樂農團寫手）、王麗月（源禾綠的農場主人）
• 《小農復耕：好食材，好生態，好市集，好旅行》新書發表｜陳芬瑜（浩然基金會）、小農復耕農友群
• 食不安心，共購起義《菜籃子革命》說書會｜黃淑德（主婦聯盟生活消費合作社理事）
國際連結	青年國外體驗	• 農民之路與亞洲農村青年組織──農民之路亞洲青年會議分享｜許博任、陳寧
• 志工旅行 x 異國農耕｜以立國際服務 梁淳禹

		• 德野仙蹤：臺灣女生勇闖德國有機農場初體驗｜蔡尚婕（1990年生，中興大學森林系學士班畢業） • 如何在都市中實踐自給自足：西雅圖有機農場Village Green Perennial Nursery｜林珮芸@simple愛特簡單生活工作室 • 綿羊國度的農場生活－葡萄、外勞、公路旅行｜陳忽忽（農業推廣學系、彎腰農夫市集老靈魂、臺灣農村陣線成員）
	國際觀點	• 種好菜、過好生活，社區協力農業的簡介與實務經驗｜伊莉莎白‧韓德森 • 食農教育的日本借鏡｜胡忠一（農委會農田水利處副處長） • 古巴生態農業的經驗與挑戰｜陳美玲（香港NGO工作者） • 農民運動與政治生態學──從「法國農民聯盟」談起｜林深靖（《新國際》社會理論與實踐中心召集人） • 巴西無地農民運動的40日觀察｜陳韻如（紀錄片導演）、蕭喬薇（臺灣農村陣線專員）
在地分享	農業前線觀察	• 種田教我的那些事｜宜蘭小田田農務夥伴 • 極端氣候下的農業危機｜阿田（北港古早田農友）、芬瑜 • 部落農業的挑戰｜小農餐桌－目尼、小民，部落e購－里路 • 合作經濟的力量｜大王菜鋪子王福裕 • 三分蘿蔔田看天下｜樂樂農場李慧宜 • 聽橙實柳丁說故事｜李安慈（橙實小幫手） • 輝要無毒菜園｜邱顯輝 • 貢寮自然最貴｜吳春蓉 • 雜糧復興運動－臺灣雜糧概況與黑豆的實踐｜郭志榮（公共電視『我們的島』記者）、蔡得黃（水賊林友善土地組合）

		• 到底在搞什麼飛「雞」？｜姚量議（彰化雞農、臺灣農村陣線研究員） • 呷飽袂？緊來呷米喔！｜宜蘭小田田團隊 • 臺灣藍鵲茶－捎著六百斤闖蕩江湖｜郭名揚（新鄉村協會、台大城鄉所學生） • 雞蛋之謎大破解｜呂文志（日照有機農場主人） • 蜜蜂生態／蜂蜜特性｜陳敬安（安安農場主人） • 甘蔗與黑糖的故事－黑糖片刻｜張玥騰（黑糖片刻主人） • 溪州尚水欶米：在地經濟的價值與文化振興｜蔡培慧（世新社發所助理教授）、陳慈慧、鄭雅云（溪州尚水友善農產團隊）
	生產消費小常識	• 澎湖飲食文化導覽｜何欣潔（海風野味，澎湖漁市場攤位主人） • 時間的滋味：澎湖日曬乾貨與懶人料理｜何欣潔（海風野味／澎湖漁市場主人） • 認識友善地球有機棉 x 上下游──臺灣第一個以食物與農業為主的新聞 x 市集平臺｜冶綠薛焜中＆上下游章雅喬
紀錄片放映與座談	小農復耕系列	• 去聽答而答唱歌－歷坵部落小農復耕紀錄｜紀錄片導演 陳韻如 • 米如呼的滋味－勤和部落小農復耕紀錄｜紀錄片導演 吳國禎 • 《小農復耕，野地花開》紀錄片放映與座談｜陳芬瑜（浩然基金會專員） • 《小農復耕，野地花開》紀錄片放映與導演座談｜潘巨忠、周麗鈞（窩們影像工作室） • 《古早田物語》紀錄片放映＆農友田間經驗分享｜古早田小農之家團隊 • 小農復耕《美濃，麻繁了》紀錄片放映與座談｜吳政賢（美濃南頭河麻油坊）、連偉志（美濃野上野下工作室）

	農業與環境議題	• 行健村的有機夢｜紀錄片導演 許文烽 • 從紀錄片《千甲》看社區協力型農業｜廖建華（紀錄片《千甲》導演）、陳建泰（千甲聚落 CSA 計畫執行） • 務農救希臘？、吃垃圾箱的美國人｜蔡晏霖（交大客家文化學院助理教授） • 《基改，我的天老爺阿》放映與座談｜黃淑德（主婦聯盟合作社理事） • 貢寮水梯田《和禾歲記》放映與座談｜薛博聞（人禾環境倫理發展基金會專員） • 《地球之愛》紀錄片放映與座談：建築與生態的對話練習｜吳秀娟（地球之愛計畫發起人） • 「邊境，編織」紀錄片放映：泰緬邊境的 CHIMMUWA 手織品故事｜CHIMMUWA 手織品團隊（簡雪麗、邱裕婷、黃婷鈺）
生活與實做	永續生活提案	• 百菜導覽｜寶藏巖生態農場綠手指許大哥 • 我們要在一起──台藏婚配的故事｜蔡詠晴、龍珠慈仁 • 而我還是要一唱再唱｜一家三（蔡詠晴、龍珠慈仁） • 與家人的廚房小情歌｜番紅花（《廚房小情歌》作者、親職達人） • 挽起袖子來做冬日米食－雞母狗仔、碗粿｜張雅雲（主婦聯盟合作社企畫）、林曼芬（主婦聯盟合作社社員主廚） • 友善環境的居家清潔相談室｜小村六戶的平方家 • 田園生活：創造幸福經濟的一家人｜陳惠雯（幸福農莊） • 深夜女子公寓的料理｜黃亭喬（臺灣農村陣線）、mokki（文字工作者） • 城市裡，除了農夫市集還有 ...｜Miffy（綠兔子工作室）、諶淑婷（文字工作者、有田有木自給自足作者）

| | | <ul><li>城市農耕的可能性｜林一善（樸門永續生活實踐者、陽光寶貝幼兒園老師）</li><li>廢油回收，來學做家事皂｜謝素蘭（社區大學化妝品 DIY 講師）</li><li>過一個沁涼的暑假，生態旅行大縱走 Eco Trip, Green Dream!!｜林珮芸 @simple 愛特簡單生活工作室（藝文＆環境自由撰稿人）</li><li>小煮婦食光－城鄉交換日記｜Mokki、黃亭喬（深夜女子公寓料理習作主人）</li><li>碗中的未來，城鄉食農提攜再進擊｜張雅雲（前主婦合作社企劃部專員）、洪箱（沐香有機農場主人）</li><li>每個人都該（用臺灣食材）做菜！｜史達魯（私廚、釀酒師）、Mokki（深夜女子公寓料理習作主人）</li><li>吃甜點，愛臺灣！用在地食材做異國甜點｜小冰（冰斗喫甜負責人）</li></ul> |
| | 手作與體驗 | **植物染**<ul><li>手作敲拓染－束口袋｜野上野下工作室</li><li>葉片拓印杯墊與認識植物手作坊｜謝傳鎧、陳慈愔（台大穀雨社）</li><li>植物染圍巾與色彩感受手作坊｜林貴美（薇丹塔手創坊）</li><li>植物染好好玩｜柯敦耀老師（幸運草工坊）</li><li>手染教學：藍天 x 綠地 x 手染｜柯敦耀（幸運草工坊）</li><li>臺灣古早手染布 x 湘雲染｜柯敦耀（幸運草工坊）</li><li>神奇的大葉欖仁染｜柯敦耀（幸運草工坊）</li><li>用臺灣薑黃來染布吧｜柯敦耀（幸運草工坊）</li></ul> |

手作生活用品
- 純手工麻繩編織‧飲料提環｜冷光
- 草刀手作坊｜在農村跑跳的少女
- 稻草蜻蜓｜美濃野上野下
- 瓊崖海棠種子 DIY｜野上野下工作室
- 自然手作芒草小掃把｜綠兔子
- 春遊野餐趣。手縫便當袋｜Miffy（綠兔子自然民具舖子主人）
- 樹葉化石｜野上野下工作室
- 涼涼檳榔扇｜野上野下工作室
- 稻草編蜻蜓｜野上野下工作室
- 芒草編織－綠色小水鴨與杯墊｜綠兔子
- 麻繩小提袋編織｜台大穀雨社謝傳鎧
- 節氣手作－驚蟄蝴蝶飛｜綠兔子
- 手編藺草小玩意兒｜苑裡反瘋車婦女藺草編織隊媽媽（李育嫺、李錦雲、鄭菊花、陳秀鑾、劉雪蘭）
- 稻草桿杯墊｜綠兔子
- 有機棉惜福吊飾、髮帶親子 DIY｜冶綠大姐姐
- 藺草編小馬｜劉育育（苑裡掀海風）
- 手編蔬果麻袋｜莊婷宇

手作點心
- 手工作麵條｜小民（小農餐桌主理人）
- 手工黑豆豆花｜游麗花（花田厝主理人）
- 手作果醬 Diy｜蕭雅中
- 美濃米食手作－客家粄｜客家媽媽曾雪梅＆野上野下工作室
- 公平貿易餐桌故事 x 巧克力叮叮變身術｜呂美莉（馥聚有限公司負責人）
- 春天帶來的禮物：自己的箭筍自己剝！｜Harosang Cilo（臺灣原住民族學院促進會）、Afi Haluko、Lahok Haluko（花蓮光復鄉嘎姆繞部落，部落 e 購小農）
- 邊吃邊做，紅豆銅鑼燒｜周大頭（野上野下工作坊）

| | | **綠手指與盆栽**
• 可以吃的綠色陽台｜陳玉子（土城勤篤農園綠手指）
• 可食性的香草盆栽｜陳玉子（土城勤篤農園綠手指）
• 和貢寮水梯田裡的植物們一起彎腰！｜狸和禾小穀倉
• 六月菖蒲飄香傳祝福｜邁子（亞太地區認證園藝治療師、城市小農）

體驗與導覽
• 土礱手作坊｜賴詠華（大南埔農村辦公室）
• 走走逛逛，認識彎腰農夫市集｜彎腰團隊 |

第 6 章

社會經濟驅動臺灣農業

　　臺灣往往將公民團體所行使的社會權力集中於政治改革，本書聚焦社會力量；反思臺灣農業結構改革，及支持小農交換的社會基礎，綜觀本書探討美濃農會以服務農民為主的在地經濟網絡經驗，連結農民與消費者彎腰市集，乃至於多元參與的農村文化象徵創造農藝復興，無疑顯示從基層出發的生活改革。當社會經濟擁有廣泛社會基礎，透過多樣法律形式與管道引領行動，社會經濟便能同時展現出競爭力，以及面對社會和經濟新挑戰的適應能力。

　　社會經濟作為有組織的公民社會基礎組成元素，在公共權力的議題，也就是與市民生活息息相關的政策發展、實行與評估上，不僅有一席之地，也有權發聲。提供更廣大的參與、更多的民主和團結、更實質的經濟支持及更友善的互惠模式，社會經濟對於多元社會發展因此產生顯著的貢獻。換句話說，多方參與更好的生活品質所召喚的社會權力，將會務實的以民主形式掌握資源分配，並且積極的對生產、交換、消費、分配和象徵等部門呈現多重的型態，並助長社會經濟發展的真實態樣。

一、社會經濟翻轉資本導向農業

（一）社會經濟導向

本書探討社會經濟於臺灣農業部門的運作範疇，第 1 章至第 3 章說明小農交換的社會基礎，藉著回顧農民研究的傳統，並以「小農交換的社會基礎」概念闡釋生產關係往往依附現代化與資本化社會的限制以及農民社群連結的多元形式，重新定義社會集結整合生產資源的社會經濟模式。接著探究臺灣在計畫經濟的家庭農業生產，在 1980 年代後期開放市場並迎接自由貿易對臺灣總體政策的影響。

容或臺灣當前無可避免持續往外部資本移動，唯有農業生產關係跳脫擴大再生產的意義，反思生產資源、土地資源及水資源商品化等等議題，並理解生產再分配受資本控制以及環境剝削無以為繼的危機，方能落實農耕文化的當代實踐模式。再次回顧農耕社會經濟實踐核心的五個概念，希冀有助於釐清並促成更多討論：小農生產（peasant）、社會基礎（social basis）、跳脫「擴大生產」（the expansion of production）、在地經濟（local economy）、整體取向（holistic approach）。

在前述理解中，本書第 4 章至第 5 章探討社會集體力量的整合形式，並試著說明社會經濟的集結奠基於人民力量，運用社群連結，落實相對平等的討論與議決模式，同時也在國家政策中建立穩定、公開、透明且正義的運作體制，並運用廣泛的管理方式以實質

且慎重的運用生產資源。從國家與民間連結的半公共化農事服務業——農會，再到農民自主連結與消費者溝通的農夫市集；在具體生產關係案例之外，並探討農意識所整合之農村象徵力量。

前述案例集中在探討小農交換的社會關係，因此從國家契作轉型、農夫直接面對市場的農夫市集為主，而本章將延續以上要素，以農藝象徵實踐的案例、農業產消連結的另類行動，以及筆者實質投入行動研究的小農復耕（Empowering Small Farming）計畫，持續闡述臺灣社會於此反思上的各種嘗試。後者另以專書文章及論文討論[1]，計畫如何透過農民團隊的組合、促成地方產業鏈（品種、生產、加工、流通與銷售）連結，以串連地方勞動與消費人口，建立在地經濟社群協力模式。

本書所討論的社會整合農產運銷體系，包括農夫市集、社區協力農業、農產地產地消等產銷模式，並不只是把農產品賣出去，更大的意義在於面對面（face-to-face）的溝通，試想在直接購買的互動現場，農夫可以直接與消費者說明其耕作環境、想法，二來可以直接回應消費者的提問，介紹各式農作物的型態，乃至於農產的料理應用。讓生產者與農作者不再只是單純的商品交易，而有更多層

---

[1] 小農復耕相關文章請見：1. 蔡培慧，2011.10.07-08，〈初探災後部落產重建的社會連結——以桃源香梅為例〉，刊載於「展望南臺平埔族群文化學術研討會」論文集，高雄，國立臺灣博物館。2. Tsai, Pei-hui & Chi-wei Liu (2016), "Local Economy Growing at a Steady Pace: The Case of the Peasant Farming Project by The Taiwan Rural Front" in Pun Nagi, Ku Hok Bun, Yan Hairong and Anita Koo (edited). Social Economy in China and the World. London: Routledge.

次的價值。看似單純從土地到餐桌的農產買賣連結,同時建立起社群網絡及其交換的社會基礎,亦即農業社會經濟型態的多元性(請參照圖 2),以社會力量推進經濟行為,促進多樣化的農業生產與消費循環。

　　值得一提的是,社會經濟的農業實踐還有許多可以持續深化探討的課題,例如重新建立農食互惠的社群連結,看似建立另類經濟,建立與主流經濟的差異,不同於全球食物供應系統的產品同質性,強調在地食物的差異性(Watts & Ilberyet & Maye, 2005)。然而,從義大利慢食運動起,乃至於「認為近年來在英、美各地發展的農夫市集、盒裝計畫(box shemes)、farm shop、社區協力農業(Community Supported Agriculture, CSA);法國直銷(vente directe);以及義大利中部 Umbria 的 farm-based butchers' shops 等皆可視為從縮短食物供應鏈觀念中延伸出的強勢另類作法」(Watts et al.2005)。縮短食物供應鏈就是拉近農民與消費者的距離,從區位面來看,縮短食物運送距離;從社會面來看,增進人與人之間的互動及有關產品資訊的流通,例如臺灣強烈推動的產銷履歷,讓消費者可追溯產品的來源及耕作過程,增加消費者對生產者的信任;從經濟面來看,若是供應鏈過長,節點過多,每一轉手即使獲取合理利潤也將墊高產品價格,若是縮短食物供應鏈,則生產者(農民)與消費者都可取得適當效益。

（二）「農」的美學與生活實踐

受到西方現代性（modernity）深刻影響的臺灣主流社會，以GDP為衡量指標的經濟發展模式，長期將農村視為「傳統的、不合時宜的、土的」，並將「農」限縮在經濟部門，忽略了「農意識」、「農文化」、「農生活」、「城鄉連結」的社會人文面向。然而，農村的「土氣」，若進入歷史脈絡以梳理地方的人文肌理，是以小農耕作體系為基礎，串起綿密而互惠的社會網絡，是因應生產與生活而形的豐碩、涵納深刻底蘊的小農文化。

> 在臺灣農村有此一說，只要在報廢的車噴上『農用』兩字，只要不行駛重要幹道，就無需繳交牌照稅。這意味著，民間普遍認為『農用車』即為現代國家體制管制之外，某種程度已不具備積極生產功能，但對於農家而言，『農用車』實際上仍具有實質且重要的生產功能。當臺灣農村陣線將『農用』兩字印上深綠色帆布書包，成為當時炙手可熱的農創產品，便是希望轉化『農用』的意義與價值－農是極富能動性的實踐，農很有用、為農所用（蔡培慧、陳瑩恩，2014）。

在當代社會，從豐厚累積的社會鑲嵌觀之，我們如何思考「農」的複雜意義？城市居民與消費者，與農業和農村的互動方式或關係是什麼？如何再次論述「農很有用、為農所用」？「以農為本」在當代臺灣有什麼意義？筆者想從農「藝」復興的角度談起，

這裡的藝指的是藝術、工藝、美學，根植在農業勞動上的經驗，為「農用」開展出另一條路徑，嘗試鬆動支配結構的論述和行動。

2011 年 7 月，全台各地農民、反強制徵收自救會與支持的民眾聚集在凱道，以「堅持土地正義」、「力抗搶水圈地」為訴求，持續向政府抗議各地不當的土地徵收。有別於過往的街頭宣講、呼口號或肢體衝撞，現場有一群學生及志工用茅草搭起一棵三公尺高的「永生樹」，以及數間茅草屋。這些茅草來自新竹面臨土地徵收壓力的二重埔、三重埔地區，協助準備材料的農民說，他們希望「把農村搬上凱道」。當天晚間，主辦單位與公民團體就在樹下舉辦「大樹下公民論壇」，倡議糧食安全、水資源的議題[2]。

這群因抗議浮濫土地徵收而集結為「美農小組」的年輕人，在政治意義強烈的行動中，使「破」的同時也開展「立」的美學實踐（蔡培慧、陳瑩恩 2014，頁 93）。凱道的稻草紮樹行動不只是傳承農的文化，也是身體勞動，為臺灣的農業、美學在社會抗爭的場域開創出亮眼的一頁。但農村的美學行動不只如此，三位青年組成立足於高雄美濃的「野上野下」[3]、長期深耕臺南後壁土溝的南藝

---

[2] 苦勞網，【716凱道現場】青年創意挺農民 土地正義永生樹 矗立凱道（2011/7/16）https://www.coolloud.org.tw/node/63083 （網頁連結日期2024/9/29）。

[3] 在客家話裡，「野上野下」指的則是四處玩樂、遊手好閒。而三位年輕人恰好就是從四處遊盪、好奇的心情記錄美濃的點滴。他們從編輯出版手帖，到開發在地自然材料、產業，發展具有在地特色的文創商品。2011 年初他們創立文化有限公司，積極運作至 2017 年，目前較無運作訊息。網頁存檔 https://wildandfield.blogspot.com/ （網頁連結日期 2024/9/29）。

大建築藝術研究所學生以及開館成立的「土溝農村美術館」[4]等，農村美學被帶進常民的生活空間，從都會到農鄉，遍地開花。

除了藝術創作，影響消費者生活實踐的習慣，是另一條看見另類農文化的路徑。在彎腰農夫市集擺攤提供自然民具與節氣生活商品的「綠兔子」[5]，試圖改變人們生活與消費習慣，減少大量的塑膠產品與一次性拋棄式產品。綠兔子想傳遞的訊息是在人與自然、城與鄉、生產與消費者間重建共好關係。共好是重新回到符合生態循環的原則，也是農業生產適地適種、適量生產的適切。讓這樣的價值和意識重新回到消費者、現代性的生活裡，讓農業生產過程的勞動價值、商品化和資本累積所產生的矛盾，透過工藝、消費重新回到民眾的視角（蔡培慧、陳瑩恩，2014）。

在這場逐漸擴散的運動中，網路書寫的盛行、社群媒體的分享，以及許多長期投入農村與農業議題的媒體工作者和公民記者，都是不可或缺的角色。創辦於 2011 年的上下游 News& Market（新聞市集）專注於農業、食物、環境的公共議題，也提供公民寫手的

4　2012 年土溝農村美術館開館，團隊以農村為場域，打造一座無圍牆的美術館，以「村是美術館、美術館是村；農民是藝術家，農產品是藝術品」為題，主張所有的參與者都是田間作品的一部分。這緣起於 2004 年台南藝術大學建築藝術研究所的一群學生，在土溝進行各式主題的藝術嘗試，一屆接著一屆，水牛起厝、溝渠改造、公共藝術、老舊空間改造為藝術景點。持續到今天，當年的研究生成為藝術家，落地生根在土溝。

5　成立於 2011 年的綠兔子工作室，推廣自然民具，減少用塑膠的生活態度。塑膠用品帶來的環境賀爾蒙、對生態系和人類影響，提醒人類省思過度追求便利生活的反效果。綠兔子有自己的工作室，也持續在市集擺攤推廣 https://www.facebook.com/naturemiffy（網頁連結日期 2024/9/29）。

平臺,讓生產者(特別是新興小農)、一般民眾透過平臺分享經驗。在另類行動蓬勃開展的當下,擁有友善多元的媒體傳播工具,可以容納開放多元聲音的平臺,也值得更多的研究與討論。

(三)小農產消連結的另類實踐

第一波綠色革命,加上臺灣的農糧市場被整併進新自由主義架構下的自由貿易市場,農藥、化肥和大型農機具成為農耕的標準配備,「農業」被窄化為以市場為導向的標準化作業模式。幸運的是,越來越多人看見結構的困境,選擇或加入「身土不二[6]」的友善農耕或另類農法的行列。

從生產到銷售端,近年國內外都有不同的嘗試,例如農法技藝的再反思,重探老農的農耕技藝與智慧,學習觀察環境,回到適地適種的生產方式,也包括開展生態農業(agroecology)和另類農法(alternative farming)的論述和經驗交流[7]。讓生產者逐漸找回耕種過程的自主權,減少對於大型資本和慣行資材的倚賴。

---

6 出自南宋僧人智圓的《維摩經略疏垂裕記》,「身」指至今行為的結果,一個人本身,和身處的環境,即「土」這兩者息息相關,無法分開。在這裡指人與環境的連結,人就是環境的一部分,對於餵養我們的農業環境應有所本。值得反思。

7 在2010年前後,臺灣友善環境/有機耕作發展蓬勃,各方團體積極引進國際經驗,例如2012年泰國米之神基金會(Khao-Kwan Foundation, KKF)曾來台分享種作經驗;南投與花蓮的部落社區以日本引進的綠生農法,強調土壤的健康與菌種,栽種出品質優良的蔬果。

在產銷結構的侷限也有許多嘗試和摸索。在以市場為導向、以利潤為依歸的思維中,創建適合小農耕作多元實踐的社會關係與交換模式。社區協力農業(Community Supported Agriculture, CSA)的興起是一項嘗試,是透過支持性會員的營運機制,向小規模的社區農場定期購買蔬果農產品,價格與品項由產消雙方協商溝通,因地制宜,因此不同地方脈絡會有不同的運作模式,但都是生產者與消費者的協力關係。

CSA 的基本原則是由消費者與小農共同承擔天災與其他環境風險,消費者實質支持小農以友善環境的耕作方法,實踐永續農耕。這樣的社會協力機制取代傳統產銷管道的中間商販、超市賣場的經手,讓生產利潤、消費者回饋、彼此的溝通連結,回到直接的兩端。小農也因此有更多空間去嘗試、調整與環境共存的種作方式。在宜蘭的穀東俱樂部、花蓮大王菜舖子、新竹彩虹農場及宜蘭有田有米都是當時的實踐案例。

與此同時,筆者推動參與臺灣農村陣線與浩然基金會共同執行的「小農耕作、綠色消費」計畫[8],計畫起始於 2009 年 11 月,當時臺灣南部、東部遭受莫拉克颱風重創,極端氣候帶來的強降雨對原住民部落、農村社區造成嚴重的損失,使得臺灣社會必須回頭面對農村的根本困境,勞動力流失、社會資源分配不均、生產資源的商品化,造成社會安全瓣的失靈。

---

8 浩然基金會,小農復耕計畫 https://www.hao-ran.org/programs/programs-small-farms-rehabilitation-project-20092016/(網頁連結日期 2024/9/29)。

為回應臺灣農業與社會結構的根本問題，計畫以多元且有彈性的工作方法與地方農民一同開創行動，包含農民合作團隊的組成、地域農法與適地適種的學習探索、小型加工的嘗試，以及建立品牌和包裝販賣，開展多元通路的完整過程。秉持在地經濟、社會連結的精神，計畫希望培力小農團隊具有向外探索、連結與學習的主動能力，突圍現有的農企業、傳統商販為主的產銷結構，培力生產團隊建立從生產到銷售的自主性，成為可持續性的在地經濟模式。

計畫執行的 2009 到 2016 年期間，全臺灣共有六個復耕點：台東縣金峰鄉歷坵部落、高雄市桃源區勤和部落、雲林縣北港鎮溝皂里與水林鄉、高雄美濃區團隊，以及台南大東山區的果農組合。每個復耕點因應各自的環境與條件，發展出不同耕作與連結模式，六個復耕點也在發展過程中，形成共學的社群網絡，相互學習、討論與支持。

表 7　小農復耕綠色消費計畫復耕點

復耕點位置	計畫背景	階段成果
高雄桃源勤和部落 2009-2013	• 區域為臺灣第二大梅子產區，但加工發展不興盛。 • 維持供應青梅的初級生產狀態，收購價錢受盤商控制，缺乏議價的空間與能力。 • 村落為八八風災的嚴重受災區，面臨遷村壓力。	• 2013 年開始自立運作。 • 社區工坊：有四位婦女主力參與工坊經營，農忙時期提供社區婦女工作機會。 • 通路開展：2011 年開始成為主聯盟消費合作社生產者，固定提供梅精。 • 經驗的傳播：農閒經常受邀至各地分享加工的作法與工坊經營經驗。

台東金峰歷坵部落 2009-2015	• 農友種植小米經驗豐富，但務農人口老化，耕作依賴農藥與化學肥料。 • 村落為八八風災的災損區，返鄉的村幹事意識到環境照顧的重要，邀集具經驗與意願的農友加入小農復耕團隊。	• 傳統的生態農耕及小米保種的經驗知識，因為計畫的投入而重新被發掘與重視。 • 教育效益：成為鄉內小米重點部落。 • 農友的經驗被重視，成為台東農改場合作的小米田間試驗所。
雲林水林團隊 2012-2016	• 中年返農的小農組合，理念深厚，無傳統包袱，對於友善耕作接受度高，願意多方嘗試並積極建立外部連結。	• 生產面積持續擴大：第一年2分，計畫後期約6公頃，維持春稻、秋作雜糧的輪種方式。 • 2014年底「土香友善小農店舖」成立，成為區域友善小農連結的介面。
雲林北港溝皂團隊 2012-2016	• 農友組成為留鄉的青壯輩，多以半工半農型態維持生活需求。 • 傳統的農鄉社區，農友投入友善耕作的阻力大，且缺乏資源。	• 基金會資源的挹注提供傳統農村留鄉青壯年另立發展的可能性。 • 教育效益：小農團隊積極協助社區小農農業教育發展

高雄美濃團隊 2014-2016	• 芝麻是區域傳統雜糧作物，因為耗工及水利發達後，在其他更具生產效益的作物競爭下，超過30年沒有種植，只能仰賴進口。 • 當地有百年歷史的傳統榨麻油工坊，卻無本地芝麻可榨，進口芝麻的成本受到國際糧價影響年年攀升。	• 在地團隊整合資深農民、榨油二級加工及青年文創團隊，發揮產業加成的效益。
台南東山團隊 2015-2016	• 以淺山地區的果樹友善耕作轉型為目標，以荔枝及橘子果農為主要參與者。 • 長期慣行農法對於環境影響甚深，特別是對於水庫與埤塘的生態體系。 • 復耕點同時為成大人社中心跨科際人才培育計畫的田野點，團隊以共學課程凝聚地方生產者，也帶來校內消費社群的支持。	• 基金會資源可補足公部門經費無法支持的項目，包括農產檢驗費、包裝及小型設備費用。 • 在地團隊辦理果樹股東認養活動，支持該年度友善生產的成本，果樹所有收成歸消費者，透過消費者認養的預付費用，讓農友得以安心生產。

　　面對農業產銷鏈上的生產者與消費者，筆者以自身參與行動觀察，彙整小農復耕計畫以六年的實踐經驗，分別為生產者、消費者帶不同面向的影響，以及計畫為臺灣小農生產支持模式帶來的突破。

表 8　小農復耕計畫階段影響評估與突破

對象	需求	計畫實踐方法	影響與突破
生產者	對象	・針對農友需求引薦相關的資源，包含農改場、大學農學院、有經驗的農友等，非套裝課程。	・農友多為相對無法對接公部門資源者。 ・協助農友可以即時的獲得相關的耕作與管理技術。
	土地	・承租社區農地作為實驗公田。 ・鼓勵農友拿出個人小面積土地做友善耕作的嘗試。	・透過實驗田的耕作嘗試，降低農友初期投入的風險。 ・透過公田的實做及公開展示，可以減輕地方對於友善耕作田間管理不良的疑慮。
	作物生產	・鼓勵適地適種，以及雜糧復耕。 ・鼓勵農民以適地的作物進行友善耕種。 ・鼓勵農民除了種植外，也可以進行加工，以提高利潤及減少耗損。	・以適地適種的雜糧為耕作目標。 ・鼓勵農民保種、自行發展加工，建立農民主體性。

	經費與補助	• 小農復耕點的經費使用類別、比例，由農友會議討論決定。 • 經費可支持項目包含人事、設備、資材及學習活動等。 • 團隊的農產營收直接存入各點的公積金戶頭，農友可自行管理、運用。	• 經費支用相對彈性，能符合農友團隊不同階段發展的需求。 • 有民間農民輔導組織請益基金會的陪伴作法，認為可以突破目前政府部門經費核銷的盲點，資源真正為農民所用。 • 公積金戶頭的設置，讓農友團隊累積發展基金、自行運用。
	社會網絡	• 協助媒合產銷體系所需的協力資源，包含：勞動力、資材、設備、專家等，並進一步鼓勵農友承接資源，拓展團隊的社會網絡。	• 協助農友連結立體且多方的社會網絡，強調地方的合作。
消費者	驗證標準	消費者與生產者直接溝通，建立信任關係，不以有機驗證為唯一標準。	
	社會對話	市集納入理念議題攤位，增進消費者對公共事務的理解，和參與社會運動的管道。	
	城鄉理解	持續辦理親子手作、主題講座，特別是十月生活節的擴大舉辦，透過各類活動接觸不同類型的消費者，增加都會理解農村的視角。	
	資訊擴散	持續經營的農夫市集成為運動者的聚集地，專家、NPO 工作者、記者、農友……以彎腰市集為資訊節點，串連資訊與能量連結的網絡。	

資料來源：筆者與小農復耕計畫執行經理陳芬瑜、蘇之涵共同彙整

承上觀察，筆者認為，這場以各種形式管道發生在臺灣的農藝復興是一場「慢」革命，即使時至今日，這場慢革命帶來的影響，從國家政策施行工具、公民社會的「農」意識、主流消費市場對於小農種作的理解，乃至於影響當代青年對於職涯和生活的選擇，不再以白領工作為唯一想像，而是看見不同的生活價值，進入或回到自己的家鄉投入地方創生工作。「慢」的概念是相對於工業文明強調高產能、高效率的「快」，以及帶著絕對自信的、過度信仰市場經濟理性的姿態；「慢」同時也是關照彼此、關照環境的狀態。「慢」也帶著一點「土氣」與「人氣」，從日常生活的細節和習慣，慢慢調整生活型態，人們也可能因而意識到──人作為自己及其生活的主體，並敢於試驗主流價值觀之外的選擇（蔡培慧、陳瑩恩，2014）。

　　這使得農民與消費者更勇於嘗試傳統結構之外的另類路徑，即使非主流的路徑有相對高的風險，需要耗費額外的溝通成本、試驗與失敗的成本。但正是紮根於在地、順應環境而生的實踐，讓這些多元開展的「農藝復興」，無論是透過藝術、生活、媒體傳播、農法和產銷路徑的行動，得以有伸展和生根的空間。

　　然而但從角落長出的芽，如何在象徵意義的行動之外，能凝聚更多的論述或實踐，進而足以處理或鬆動更大的社會結構性問題（蔡培慧、陳瑩恩 2014，頁 96）？這波農藝復興的發生是可貴的，如何增強力道？如何更深化農藝復興的內涵、如何紮根？

　　多方開展的嘗試與創新，意味著解構過程不會有單一而絕對的解答，思考與行動的交互辯證才是找到社會力量團結行動之路。

二、農食互惠展現社會經濟

（一）農食互惠是一場厚實的社會關係之旅

　　農民市集、食農教育、釀酒、吃飯，從日常生活點點滴滴感受與農相關的環節，或許日常生活的實踐才是最根本的落實社會經濟。面對這麼一個龐大的架構，筆者的研究大體上從國家與市場整合的力量、社群合作的角度來觀察美濃農會從菸葉契作到近期的實踐，並以行動研究，參與投入小農復耕計畫，建置彎腰農夫市集。

　　在此試著以小農復耕計畫，筆者的行動觀察與反思說明在何以運用社會經濟來探討農業生產與交換的社會連帶，以呼應本文前言曾提及的初衷——「小農高度商品化的生產之所以未被資本完全壟斷，與小農交換過程的社會連帶有關，然而此一連結又不僅僅是個別小農與某個或某類群體的社會連帶，而是一股社群協力的多方連結。」——當此一行動從小農復耕合作伙伴的互相認識、資源的共同管理，以及市場關係的建立以試圖闡述。然而，也有必要強調社會經濟的實踐行動仍在持續中。

　　小農復耕合作伙伴的建立與互相認識是一個有趣而緩慢的過程。2012 年 6 月 2 日，與工作伙伴在桃源香梅的加工坊前聊著今年的加工過程，以及如何形成較明確的共同管理的原則。聊著聊著桃源香梅加工作坊一位重要的伙伴吳秋芬笑著對我說：「現在我們比較熟了，那時候去信義鄉參訪時，還以為你們就是社大的工作人員。」她指的 2009 年去南投信義鄉參訪，當莫拉克風災之後，大

家普遍不看好農產品（梅子）加工，卻又想著該如何突破的氣氛中，當時建議大伙不妨到臺灣青梅最重要的產區，同時也是最多密集加工地──臺灣中部的南投信義鄉參訪的過程。

　　她的話，倒讓筆者察覺到人們能一起工作互相認識可不是交換名片那麼簡單的事，人們也無法在完全的熟悉中才合作。一起工作共同行動正是互相認識最重要的開始，不管是遙遠的組織工作者，或者是部落／村落內部的伙伴都必需經歷一起工作互相認識的過程。這樣的過程，不只在高雄發生，在臺東、在雲林、在美濃、在臺北，一樣都經歷了這樣的過程，或許讀者此時會有那麼點疑惑，這不是常態嗎？有何值得提出來談？此一常態正是社群互動的常態，然而在計畫進行過程或是農民生產與交換，往往過於集中現代性的運作，聚焦於交換的中介貨幣與換取所得與損失之利潤拿捏。社群網絡行事風格顯得如此平常，正是農村工作與社區工作最容易忽略的環節。長久以來，觀察到專業與農民的互動或是農村工作者投入社區之際，總以為只要強調、說明了：「我們是誰？這個計畫獲得什麼樣的支持、該如何進行。」只要說了就成事了！正是這種假設，無意中造成的專業輕慢使得工作過程忽略了許多人與事，進而難以成事。

　　事實上，最應該意識到的就是承認我們的陌生，既陌生於此地此情，也陌生於如何推展。是的，連該如何推展我們曾經如此堅信的理念所應蘊而生的計畫都是陌生的，由此才能真誠的面對筆者在異地他鄉所開展的計畫項目。抱持著「一起來吧。那就試試看吧」的態度或許比「你該這樣做。按照計畫來，就沒問題」的信心來得

重要，前者或將建立伙伴情誼，後者無非顯示權力。

當然，來到異地必然有著基本的認識與想像，確實不可能無為而治。那麼如何權衡如何拿捏呢？在此認為真誠的述說彼此的認識與分析非常重要，同時也藉著說明的過程彼此溝通。記得 2009 年開始推動之際，為了尋求建立社會經濟多元協力的可能，同時也將農產價值儘可能留在生產端，並且透過生產端的想法闡述，在高雄桃源的香梅工坊，除了農作物生產之外，也進行小規模加工，並且建議所有的討論與管理應公開透明，經費使用與公積金運用應由參與計畫的農民具體討論。此類想法，彼此都覺得很好，也都感到務實推進的必要，不過，台東歷坵的農耕卻遲遲未能展開。

還記得一個晚上，大伙聊著該如何整理、該如何分工等事，就在會議行將結束之際，感到有一股欲言又止的張力，團隊的大家長，爽朗的杜媽媽直言：「我們都去做『公』的，那我們自己的怎麼辦？」之後引發一連串的討論。那時，我才體悟到，關於「計畫」、「外部資源」的想像，多數的人理解到的「計畫」，或者「資源」就是有一筆錢來到基層社區，它必然有具體期程、必然有計畫項目，必然有限期完成的壓力，因此，為了符合計畫進程與內容，經費該怎麼使用，通常已經在計畫執行之初就已經定型了，形成了經費支用決定計畫內容引導人們行動的模式。或許在過往的經驗中，「八八零工」是最容易相類比的案例了[9]。

---

9 「八八零工」指的是由臺灣政府於莫拉克颱風之後，短期僱用受災地區或弱勢社區居民，給予日雇工資新臺幣 800 元的計畫，此一計畫並非全面進用，而由當地鄉公所視申請家戶經濟情形安排。

然而「小農復耕」計畫不這麼想，所引進的微少外部資源，在一開始，就由參與計畫的農家共同討論如何支用，同時也冀望透過資源共管，在討論的共識中、在執行的磨擦形成自我組織的動能。因此，當杜媽媽的提問一起，筆者才意識到，官方「計畫」的想像已經侷限了對於外部資源的看法，參與的農家很想問外部資源的引介者，經費該如何使用？當筆者明白了「計畫思維」如何決定了我們的行為時，筆者告訴當時圍坐一圈的所有參與伙伴。坦白說，筆者也不知做公的該不該拿工資，但是這筆經費是大家的，希望協助部落產業的改善，這筆經費可以拿來買小型機械、拿來租地，當然也可以拿來發工資，如何支用，大家共同討論即可。人們習慣把自己的勞動交付出去，同時換取一定的報酬（雇傭勞動），因此，類似小農耕作自主管理經費所挑戰的，不僅是「做公的，拿不拿工資」等表面的議題，它也促發人們更進一步想，勞動的本質及勞動力的價值，我們手上所擁有的資源為何？該如何運用？正是這些討論過程，促發了人們彼此之間的看見、共同權衡，形成厚實的社會關係。

　　當然，我們也必需承認事情總不會如此圓滿，小農復耕的點都面著大大小小的難題，或許因公積金累積該如何運用而時不時被挑剔、或許因以人力勞動為主而出現工資比例偏高的情形，或許在起步階段彼此較勁，而處於二小班互別苗頭之勢。

　　曾經有人向筆者提問：「小農不是應該自給自足嗎？」就此意見為：當小農的家庭再生產必需與市場結合之際，他不可能自給自

足。[10] 因此，所應該質問的不是小農的小商品生產，而是要問他將面對什麼樣的市場？如若是以利潤導向資本擴張的市場，那麼小農勢將陷入市場邏輯——生產投資擴大生產，以創造更多利潤，那麼小農的本質也隨之改變。

因而有必要細細的區辨市場，區辨交換模式，或者換另一個角度來看，應當試圖開展資本社會所認同的交換模式。最理想的狀態當然是全面合作化，不過這個合作若加上絕對的權力往往也會帶來傷害。因此，如何形成類似主婦消費合作社此類合作網絡，甚至建立多元的活潑的交換網絡連結仍是值得推動的議題。

多元的活潑的交換網絡正是有待投入心思努力建立的。小農提供的絕對不是只有農產品，為了讓農產品有更多的、合理的價值留在農村，筆者認為農產加工的技術和研發是為關鍵，然而在臺灣，農產加工環節因過去的政經結構與政策變遷而持續萎縮。例如，臺灣原來有菸酒專賣進而形成菸酒契作，這些在 2002 年臺灣加入 WTO 之後都取消了。菸酒契作取消對農村影響是很大的，因為種菸的農民沒辦法種菸了，他就投入種蔬菜種黃豆，影響了原來種蔬菜種黃豆的人；契作葡萄的農民無法種葡萄了，就要改種火龍果或芭樂，連帶的影響市場的平衡。契作當然是一個合理的對農民有保障的交換網絡，若能集合足夠的消費者，形成「共同購買」的力量，如臺灣著名的主婦合作社，時有高達六萬名社員，便能創造更多的

---

10 以臺灣為例，任何一個小農的孩子上學要學費，平常要繳健保費以因應生病等臨時開支，當小農的生活必需透過貨幣進行交換之際，他無法停在自給自足的狀態。

參與。每個人都可以從自己開始。

（二）社會權力的基層改革

直白的敘述或許正試圖連結在地經濟的思考。為什麼要思考在地經濟？與我們長久的反省：為什麼農民愈耕作生活愈辛苦？顯然是有某種東西／形勢／結構超越日常生活而存在，把人們辛苦努力的成果都捲走了。資本主義的壟斷或資本積累的過程如此真實。

換句話說，今天你去便利商店或速食店買一個早餐的意義是什麼？當你買49元的早餐，其中不少利潤將流到資本家手上，或者，去附近的早餐店，或是路口的傳統攤商，最起碼他們採購農產原料自行料理，此一消費直接支持小商家及生產者。當代社會占主流位置的是一個以資本積累為原則的資本主擴張體系；以及生機蓬勃卻也危機四伏的，以維持社會運作而形成的社會經濟關係，我們要哪一個？筆者覺得我們的努力應該要擴展以維持社會運作為基礎社會經濟關係。

這並不容易，儘可能的把生產關係、消費的關係、利潤的可能性都留在當地，以形成在地經濟，有在地的企業，永續的資源，僱用在地勞工，以在地的消費者為對象，那麼在地的邊界呢？在地是相對流動的，它的尺度究竟是一個臺灣、一個大都市，一個族群、一個糧食集區，端看其內容而決定的，而非特定邊界。

以小農復耕而言，由於規模真的不大，所以產品大抵透過網路與農民市集即可當令當季、地產地消。許多人會問，銷售的範圍都

集中在已認識的社會網絡會不會太窄了？「窄」並非絕對數字，若是覺得窄，那就努力的拓展社會整合的農產運銷體系吧。不管是臺灣已然成形的消費合作社，或是農夫市集與網路行銷都是值得拓展的管道。唯一要注意是，生產者與銷售管道應產生直接的連結，例如桃源香梅的產品是否在主婦合作社上架，就是由桃源香梅工作坊負責接洽銷售事宜的伙伴直接對口。任何一項產品從耕作方式的選擇、加工與否、如何加工、建立品牌以及通路的認識，都回到農民與地方商家，以累積經驗，豐富在地農民的社會網絡。

　　社會經濟與小農交換的社會基礎，仍在探究過程中，此書論述實踐行動的點點滴滴，且視為正在掙扎成長的幼苗，總要日曬雨淋，期待茁壯的可能。

參考文獻

Bernstein, H., & Byres, T. J. 2001. From peasant studies to agrarian change. *Journal of Agrarian Change*, 1 (1), 1-56.

Byres, T.J., 1994. 'The Journal of Peasant Studies: Its Origins and Some Reflections on the First Twenty Years'. In *The Journal of Peasant Studies: A Twenty Volume Index 1973-1993*, eds Henry Bernstein, Tom Brass and T.J. Byres, with Edward Lahiff and Gill Peace, 1-12. London: Frank Cass.

Chayanov, A.V. 1986. *The Theory of Peasant Economy*. Wisconsin: University of Wisconsin.

Cohen, Myron L.（2016 [1976]）。**孔邁隆教授美濃與客家研究論集（上）：家的合與分──臺灣的漢人家庭制度**。黃宣衛、劉容貴譯。高雄市,高雄市立歷史博物館／巨流圖書。

Eurostat: Statistics Explained. 2013. Agriculture statistics - family farming in the EU. https://ec.europa.eu/eurostat/statistics-explained/index.php?title=Agriculture_statistics_-_family_farming_in_the_EU 引用日期：2024/10/2

Friedmann, H. 1980. Household production and the national economy: concepts for the analysis of agrarian formations. *The Journal of Peasant Studies*, 7 (2),

158-184.

Food and Agriculture Organization of the United Nations (FAO)。（2014）。糧農組織食品價格指數。http://www.fao.org/worldfoodsituation/foodpricesindex/zh/ 引用日期：2015/6。

Food and Agriculture Organization of the United Nations (FAO). 2014. Family Farming Knowledge Platform. https://www.fao.org/family-farming/detail/en/c/416710/ 引用日期：2024/9/28。

Henderson, E., & Van En, R. 2007. *Sharing the Harvest: A Citizen's Guide to Community Supported Agriculture*. Vermont: Chelsea Green Publishing.

Holloway, L., & Kneafsey, M. 2000. Reading the space of the farmers' market: a preliminary investigation from the UK. *Sociologia Ruralis*, 40 (3), 285-299.

Karl Weber（2010）。**美食有限公司——美國食物及美味食物的真相**。顧淑馨、袁世珮、楊語芸、鄭智祥、劉如穎、郭安倢譯。臺北，繁星出版。

Kloppenburg Jr, J., Hendrickson, J., & Stevenson, G. W. 1996. Coming in to the foodshed. *Agriculture and human values*, 13 (3), 33-42.

Lie, J. 1997. Sociology of Markets. Annual Review of Sociology, 23:341-360.

Moore Jr., Barrington. 1993 [1966]. *The Social Origins of Dictatorship and Democracy: Lord and Peasant in the Making of the Modern World*. Boston: Beacon Press.

Patel, R.（2009）。**糧食戰爭**。葉家興譯。臺北，英屬維京群島商高寶國際有限公司臺灣分公司。

Piketty, T.（2014）。**二十一世紀資本論**。詹文碩、陳以禮譯。臺北，衛城出版。

Polanyi, K.（1985）。**博藍尼講演集——人之研究、科學信仰與社會、默會致知**。彭淮棟譯。臺北，聯經出版社。

Polanyi, K.（1989）。**鉅變：當代政治、經濟的起源**。黃樹民、石佳音、廖

立文譯。臺北，遠流出版社。

Shanin, Teodor. 1982. "Defining peasants: conceptualisations and de-conceptualisations: old and new in a Marxist." *Sociological Review*, 30: 407-432.

Social Economy Europe. 2015. Social Economy Charter. https://www.socialeconomy.eu.org/wp-content/uploads/2020/04/2019-updated-Social-Economy-Charter.pdf 引用日期：2024 年 9 月 30 日。

Tsai, Pei-hui & Chi-wei Liu (2016)."Local Economy Growing at a Steady Pace: The Case of the Peasant Farming Project by The Taiwan Rural Front"in Pun Nagi, Ku Hok Bun, Yan Hairong and Anita Koo (edited) . *Social Economy in China and the World*. London: Routledge.

Watts D., Ilbery B., & Maye D. 2005. Making reconnections in agro-food geography: alternative systems of food provision. *Progress in Human geography*. Vol-29, No.1. pp: 22-40.

Wolf, E. R. , 1966, *Peasants*。臺灣譯為《鄉民社會》，臺北：巨流出版社。

Wolf, E. R. 1999. *Peasant Wars of the Twentieth Century*. Oklahoma: University of Oklahoma Press.

Wright, E. O. 2006. Compass points. *New Left Review*, 41, 93.

Wright, E. O. (2015)。**真實的烏托邦**。黃克先譯。臺北：群學出版社。

Winter, M. 2003. Embeddedness, the new food economy and defensive localism. *Journal of rural studies*, 19(1), 23-32.

王棠（2012）。**香港經濟地圖**。香港：未標示出版單位。

矢內原忠雄（1956）。**日本帝國主義下之臺灣**。臺北，臺灣銀行經濟研究室。

台北市文化探索協會作者群（2018）。**逛市集：全台農夫市集的綠色玩耍地圖**。臺北：悅知文化。

行政院主計總處（1990）。**普查表式**。摘自農林漁牧業普查簡介。http://www.

dgbas.gov.tw/public/Attachment/511718262771.doc 引用日期：2006/11。

行政院主計總處（2000）。**普查表式**。摘自農林漁牧業普查簡介。http://www.dgbas.gov.tw/public/Attachment/51 引用日期：2006/11。

行政院主計總處（2008）。**國民所得統計摘要**。臺北：行政院主計處。

行政院主計總處（2022）。**109 年農林漁牧業普查初步統計結果**。https://www.stat.gov.tw/News_Content.aspx?n=3703&s=226901 引用日期：2024/9/30。

行政院主計總處（2023）。**111 年家庭收支調查報告（112 年 10 月）**。https://ws.dgbas.gov.tw/001/Upload/466/ebook/ebook_248815//pdf/full.pdf 引用日期：2024/9/30。

行政院農業委員會（1995）。**農業政策白皮書**。臺北：行政院農業委員會。

行政院農業委員會（2007a）。**農業統計年報**。臺北：行政院農業委員會。

行政院農業委員會（2007b）。**農業統計要覽**。臺北：行政院農業委員會。

行政院農業委員員（2013）。**以熱量計算之糧食自給率**。2013 年 10 月 5 日，http://agrstat.coa.gov.tw/sdweb/public/indicato/Indicator.aspx

農業部（2023）。**糧食供需年報（111 年）**。https://agrstat.moa.gov.tw/sdweb/public/book/Book.aspx 引用日期：2024/10/1。

農業部（2023）農業統計視覺化查詢網。https://statview.moa.gov.tw/aqsys_on/importantArgiGoal_lv3_1_6_3_1.html 引用日期：2024/10/1。

列寧（1984）。俄國資本主義的發展。收錄於**列寧全集**，第三卷。中共中央馬克思恩格斯列寧史達林著作編譯局編譯，北京人民出版社。

瓦歷斯・貝林（2013）。**我國儲蓄互助社運動發展概況**。新世紀智庫論壇，第 62 期，54-63。

林宗弘（2015）。墜入真實烏托邦 Erik Olin Wright 速寫。收錄於 Wright, E. O. (2015)。**真實的烏托邦**。黃克先譯。臺北：群學出版社。

洪馨蘭。2010。屏北平原「臺灣菸草王國」之形成以《台菸通訊》（1963-

1990）為討論。收錄於**師大臺灣史學報**，第 3 期，45-92。

浩然基金會（2014）。彎腰市集勞動生活學習虔敬謙卑。小農復耕計畫發表之專文。http://www.smallfarming.org.tw/green-04-info.php?id=15

浩然基金會。小農復耕計畫。https://www.hao-ran.org/programs/programs-small-farms-rehabilitation-project-20092016/ 引用日期：2024/9/29。

高雄市美濃區農會（2021）。部門介紹。https://www.meinong.org.tw/Page/Department 引用日期：2024/10/1。

高雄市美濃區農會（2023）。**2023 農民曆**。高雄：高雄市美濃區農會。

美濃月光山雜誌（1982）。高雄：月光山雜誌社。https://www.meinongmoonlight.com/

美濃鎮誌編撰委員會（1997）。**美濃鎮誌**。高雄：高雄縣美濃鎮公所。

涂照彥（1992）。**日本帝國主義下的臺灣**。李明峻譯。臺北，人間出版社。

柯志明（1989）。日據臺灣農村之商品化與小農經濟之形成。**中央研究院民族學研究所集刊**，68，1-39。

柯志明、翁仕杰（1993）。臺灣農民的分類與分化。**中央研究院民族學研究所集刊**，72，107-150。

柯志明（2003）。**米糖相剋：日本殖民主義下臺灣的發展與從屬**。臺北，群學出版社。

陳芬瑜、蔡培慧等（2014）。**小農復耕：好食材、好生態、好市集、好旅行**。臺北市：果力文化。

陳玠廷、蕭崑杉、鄭盈芷（2010）。臺灣後有機消費的浮現：以農夫市集為例。「第一屆臺灣農學市集研討會」發表之論文，清華大學清學學院。

陳怡君（2012）。農夫市集。臺北市文山社區大學課程：農業你我他。http://rural-practice.blogspot.tw/2012/11/blog-post.html 引用日期：2014 年 11 月。

陳東升（2015）。推薦序。收錄於 Wright, E. O. (2015)。**真實的烏托邦**。黃

克先譯。臺北：群學出版社。

馬克思（2001）。**路易・波拿巴的霧月十八**。北京，人民出版社。

馬克思（2004）。所謂原始積累。收錄於**資本論**，第一卷。北京，人民出版社。

許文富（2012）。**農產運銷學**。臺北，正中書局。

許秀嬌（2014）。透過共同購買，支持本土農業，捍衛糧食主權——幸福中心生協的本土種子守護運動。「2014亞細亞姊妹交流論壇」研討會發表之論文。主婦聯盟生活消費合作社，2014-11-07。

許寶強（2013）。社會經濟對話：社會經濟解讀。潘毅、陳鳳儀、顧靜華、盧燕儀主編。**不一樣的香港社會經濟：超越資本主義社會的想像**。香港，商務出版社。

黃俊誠（2018）。橫看成嶺側成峰，臺灣農夫市集風景。臺北市文化探索協會作者群。**逛市集**。臺北，精誠資訊股份有限公司。

彭淮南（2008）。中央銀行業務報告通貨膨脹因應措施。臺北，中央銀行。

潘毅、陳鳳儀等人主編（2013）。**不一樣的香港社會經濟：超越資本主義社會的想像**。香港，商務出版社。

劉進慶（1995）。**臺灣戰後經濟分析**。王宏仁、林繼文、李明峻、林書揚譯。臺北，人間出版社。

蔡培慧（2009）。農業結構轉型下的農民分化（1980-2005）。臺北，臺灣大學生物產業傳播暨發展學系博士論文。

蔡培慧（2010）。緩步前行：小農耕作綠色消費的產業重建模式。「一年過後：原住民族災後重建與永續發展國際學術研討會」論文，臺灣師範大學。

蔡培慧（2011）。初探災後部落產重建的社會連結——以桃源香梅為例，刊載於2011.10.07-08舉行之「展望南臺平埔族群文化學術研討會」論文集，高雄，國立臺灣博物館。

蔡培慧、陳瑩恩（2014）。勞動的春耕——關於臺灣的農事變遷。「落地

生根──社區支持農業之甦動」研討會發表之論文,香港嘉道理農場暨植物園。

萬年生(2014)。美濃逆轉勝關鍵:番茄蘿蔔經濟學。**商業周刊**,第1411期,116-118。

臺灣銀行經濟研究室(1949-2005)。經濟日誌。收錄於臺灣銀行經濟研究室編,**臺灣銀行季刊**。臺北,臺灣銀行。

謝國雄(2010)。**茶鄉社會誌:工資、政府與整體社會範疇**。臺北:中研院社會學研究所。

彎腰農夫市集(2010)。2017年彎腰市集運作機制與攤位申請。https://bowtoland.blogspot.com/2014/01/2014.html 引用日期:2024/9/28。